VIAJEROS DEL TIEMPO

Increíbles Historias Paranormales Basadas en Hechos Verídicos sobre Visitantes y Viajeros a Través del Tiempo

---

ALFIE BUSH

Los autores respectivos poseen todos los derechos de autor que no pertenecen al editor.

La información contenida en este documento se ofrece únicamente con fines informativos, y es universal como tal. La presentación de la información se realiza sin contrato y sin ningún tipo de garantía endosada.

El uso de marcas comerciales en este documento carece de consentimiento, y la publicación de la marca comercial no tiene ni el permiso ni el respaldo del propietario de la misma. Todas las marcas comerciales dentro de este libro se usan solo para fines de aclaración y pertenecen a sus propietarios, quienes no están relacionados con este documento.

Introducción

¿Elaborar un presupuesto te suena casi tan atractivo como estar en la cárcel? Mucha gente asocia los presupuestos con cosas negativas. Después de todo, a nadie le gusta ponerse restricciones al momento de gastar su dinero. La realidad es sin embargo muy distinta, ya que tener un presupuesto o un plan de gastos te puede dar eventualmente gran libertad.

Un presupuesto puede ayudarte a recuperar el control de tus finanzas. Piensa en él como un mapa financiero que te guiará a tu destino, que bien podría ser salir de tus deudas, comprar una casa o ahorrar dinero para poder invertirlo después. También puede tener muchos beneficios positivos para tu vida personal, ya que puede reducir significativamente el estrés y la cantidad de discusiones que tienes con tu pareja o miembros de la familia sobre temas relacionados con el dinero.

Llevar un registro de tus gastos te permitirá identificar fugas en tu presupuesto. Cualquier cosa que puedas medir, también la podrás mejorar. Al entender cuánto cuesta ser tú, podrás hacer ajustes que te ayudarán a dejar de vivir al día.

El objetivo principal de este libro es mostrarte que presupuestar puede ser tan simple y divertido como tú quieras que sea, así como ofrecerte una introducción a conceptos y temas que todo aquél interesado en estirar su dinero y ser financieramente libre debe conocer bien.

Gracias por leer este libro. ¡Espero que disfrutes el viaje!

Índice

Introducción

Tiempo. El inocuo tic-tac del reloj es un recordatorio constante de lo rápido que pasa, y la mayoría de nosotros parece no tener suficiente. Hacemos todo lo posible para exprimir más horas de un día de 24 horas, pero permanecemos fijos para siempre dentro de esos parámetros finitos.

El tiempo (del latín *tempus*) es una magnitud física con la que se mide la duración o separación de acontecimientos. El tiempo permite ordenar los sucesos en secuencias, estableciendo un pasado, un futuro y un tercer conjunto de eventos ni pasados ni futuros respecto a otro.

En mecánica clásica a esta tercera clase se llama presente y está formada por eventos simultáneos a uno en particular.

En mecánica relativista el concepto de tiempo es más complejo: los hechos simultáneos (presente) son relativos al observador, salvo que se produzcan en el mismo lugar del espacio; por ejemplo, un choque entre dos partículas. Su unidad básica en el Sistema Internacional es el segundo, cuyo símbolo es s (debido a que es un símbolo y no una abreviatura, no se debe escribir con mayúscula, ni se escribe como seg, sg o sec, ni agregando un punto posterior).

El tiempo ha sido durante mucho tiempo un importante tema de estudio en la religión, la filosofía y la ciencia, pero definirlo de manera aplicable a todos los campos sin circularidad ha eludido sistemáticamente a los estudiosos. No obstante, campos tan diversos como los negocios, la industria, los deportes, las ciencias y las artes escénicas incorporan alguna noción de tiempo en sus respectivos sistemas de medición.

El tiempo en física se define operativamente como "lo que lee un reloj".

La naturaleza física del tiempo es abordada por la relatividad general con respecto a los eventos en el espacio-tiempo. Ejemplos de eventos son la colisión de dos partículas, la explosión de una supernova o la llegada de un cohete. A cada suceso se le pueden asignar cuatro números que representan su tiempo y posición (las coordenadas del suceso).

Sin embargo, los valores numéricos son diferentes para los distintos observadores. En la relatividad general, la pregunta de qué hora es ahora solo tiene sentido en relación con un observador concreto. La distancia y el tiempo están íntimamente relacionados y el tiempo necesario para que la luz recorra una distancia específica es el mismo para todos los observadores. La relatividad general no aborda la naturaleza del tiempo para intervalos extremadamente pequeños en los que la mecánica cuántica es válida. En este momento, no existe una teoría generalmente aceptada de la relatividad general cuántica.

Pero, ¿y si hubiera una manera de liberarnos de los límites del tiempo? ¿Y si hubiera una manera de ir más allá de los estrictos confines del reloj y experimentar realidades pasadas y futuras a voluntad?

El viaje a través del tiempo es un concepto de desplazamiento hacia delante o atrás en diferentes puntos del tiempo, similar a como se hace un desplazamiento en el espacio. Además, algunas interpretaciones de viaje en el tiempo sugieren la posibilidad de viajes entre realidades o universos paralelos.

En este libro examinaremos la veracidad de tales afirmaciones mientras contamos las historias de aquellos que supuestamente han albergado visiones, visionarios e incluso visitantes del futuro.

Entonces, ya sea que seas un verdadero creyente o un escéptico de corazón, retén tu juicio por un momento mientras escapamos del incesante tic-tac del reloj para mirar hacia atrás a aquellos que dicen que han mirado muy, muy lejos.

Visiones Del Futuro Percibidas En El Pasado

DADO que la historia ha sido registrada, ha registrado relatos de profetas y profecías. Desde los oráculos de la antigua Grecia hasta el aclamado profeta renacentista Nostradamus, ha habido una larga lista de supuestos videntes que han postulado visiones únicas del futuro.

Algunos resultaron estar completamente equivocados en sus predicciones, pero otros profetizaron con sorprendente precisión. En este capítulo repasaremos la larga y ecléctica lista de visionarios y adivinos que en el pasado lejano intentaron hacer valer sus propios derechos sobre el futuro.

. . .

La amante cruel de Casandra Fate

En el mundo de la antigua Grecia, la línea entre la mitología y la realidad a menudo se difuminaba tanto que a veces es difícil determinar si ciertas personas y lugares existieron realmente. La ciudad de Knossos en la isla de Creta, por ejemplo, durante mucho tiempo se pensó que era puramente mítica, solo un lugar inventado para la narración griega hasta que los arqueólogos descubrieron sus ruinas a principios del siglo XX. Por otra parte, tenemos a Heródoto, el llamado "padre de la historia", quien se propuso dar a sus figuras históricas rasgos imposibles y completamente ficticios.

Fue en esta extraña época, justo en el borde núbil de una historia registrada irremediablemente mezclada con el mito, que residió uno de los clarividentes más antiguos registrados. La historia de Casandra, que la mente moderna no puede evitar categorizar como leyenda, bien puede haber sido tomada como verdad evangélica por sus contemporáneos.

· · ·

La narración está protagonizada por uno de los caprichosos dioses griegos, Apolo, quien se enamoró de la mujer mortal y le otorgó increíbles habilidades proféticas para ganarse su afecto. Sin embargo, después de haber sido dotada con el don de la vista, Casandra aparentemente vio lo que le esperaba a ella y no le importaba ni un poco.

Rechazada por la visión de ser atrapada en las garras de Apolo, rechazó con firmeza los nuevos avances de la deidad. El dios despreciado respondió murmurando unas cuantas palabras arcanas que lanzaron una maldición sobre la atractiva clarividente: aunque sus visiones del futuro seguirían siendo ciertas, a partir de ese día nadie le creería. Vendría a advertir a sus conciudadanos de la guerra inminente y la caída de Troya, pero nadie le hizo caso. La ciudad fue saqueada y la propia Casandra fue violada, esclavizada y finalmente asesinada.

Es una nota sombría con la que comenzar, pero afortunadamente, el resto de los videntes de este capítulo encontraron una audiencia más receptiva y un destino más feliz.

· · ·

San Malaquías y las Profecías de Fátima

Antes de ser canonizado en 1190, San Malaquías era un simple monje irlandés llamado Malaquías O'Morgair.

Malaquías nació en Armagh en 1094 y supuestamente recibió una visión trascendental del futuro en 1139 mientras estaba en Roma en una peregrinación al Vaticano.

La revelación tomó la forma de una "lista papal" que revelaba todos los papas desde su tiempo hasta el fin del mundo.

Malaquías escribió breves comentarios descriptivos sobre cada uno de estos papas y se los entregó al Papa Inocencio II para su custodia.

Si hay que creer en la leyenda, este documento permaneció oculto en los archivos del Vaticano durante unos 400 años hasta que un monje benedictino llamado Dom Arnold de Wyon se topó con el manuscrito mientras investigaba en la biblioteca gigante del Vaticano. Desde entonces, muchos se han abalanzado sobre la afirmación de Wyon de que descubrió repentinamente los manuscritos de Malaquías 400 años después del hecho. Para los escépticos, esta es una señal de alerta que sugiere que todo fue inventado por el propio Wyon.

Pero mientras que la brecha de 400 años entre la supuesta procedencia del documento y su descubrimiento es ciertamente sospechosa, lo que le da crédito a la afirmación de Malaquías son las propias profecías. Hasta ahora, han parecido bastante acertados en su descripción de la línea papal. Una entrada, por ejemplo, parece describir hábilmente al único británico que alcanzó el papado.

El comentario de San Malaquías para el puesto que finalmente ocupó el papa británico Adriano IV lo describió como "De rure Albo", que significa "del país albano". La palabra "Alban" se deriva del antiguo nombre romano de Gran Bretaña, "Albion".

· · ·

Otro apelativo aparentemente apropiado se le da al reinado del Papa Benedicto XV, quien presidió el Vaticano de 1914 a 1922. La designación profética de Malaquías para este papa fue "Religio Depopulata", que literalmente significa "Religión Despoblada". A primera vista, esto puede parecer una frase extraña para asociarla con el líder de la denominación religiosa más grande del mundo, pero comienza a tener sentido cuando se consideran los eventos que ocurrieron entre 1914 y 1922. La religión de hecho se despobló durante este período. período, por algunas razones. Primero, a través de la pura pérdida de vidas. Después de todo, la Primera Guerra Mundial ocurrió durante estos años y despobló significativamente gran parte de Europa, lo que provocó una disminución en el número de fieles cristianos simplemente por las bajas de la guerra. En segundo lugar, después de la Revolución Rusa de 1917, los ideólogos comunistas de ese país intentaron cerrar la Iglesia rusa, persiguiendo y matando a innumerables cristianos en el proceso.

Por último, pero no menos importante, la teoría de la evolución provocó un cambio importante en el pensamiento intelectual en los Estados Unidos, lo que provocó que muchos estadounidenses se apartaran de la fe. (Sí, es cierto que ese científico propuso su teoría por primera vez en 1859. Pero en Estados Unidos, no fue sino hasta principios de la década de 1920 que la evolución obtuvo una amplia aceptación y las enseñanzas de este mismo comenzaron a incluirse en los planes de estudios escolares).

Teniendo esto en cuenta, atribuir una "religión despoblada" al Papa que reinó durante estos años polémicos realmente parece nada menos que profético.

Su sucesor, el Papa Pío XI, lo pasó aún peor. Dado por Malaquías el marcador profético "Fe inquebrantable", Pío XI se encontró rodeado por los gobiernos fascistas de España, Italia y Alemania. Tuvo que tener una fe inquebrantable para poder navegar a través de estas aguas turbulentas. Aunque recientemente ha recibido muchas críticas, y algunos de sus críticos más abiertos lo calificaron como un colaborador fascista, la realidad es que el Papa Pío XI se enfrentó tanto a Hussan como a Mussolini en un momento en que la mayoría permanecía en silencio.

· · ·

En 1938, por ejemplo, cuando Mussolini firmó un acuerdo con Hussan para comenzar a hacer cumplir las leyes antisemitas en Italia, el Papa denunció inmediatamente al dictador italiano y declaró que los cristianos y los judíos eran hermanos de creencias afines, y que los cristianos por naturaleza eran " semitas espirituales". Al año siguiente pronunció un discurso condenando audazmente el nazismo como "fundamentalmente racista y anticristiano".

Desde la seguridad de hoy, algunos se burlan de tales comentarios como demasiado poco y demasiado tarde, pero el hecho es que fácilmente podrían haber llevado a Pío XI a la cámara de gas. Al final, el Papa Pío XI demostró ser un hombre de fe inquebrantable tal como lo describió Malaquías. A riesgo de su propia vida, les dijo enfáticamente a los dictadores que estaban oprimiendo a Europa que no se doblegaría, no se movería, no comprometería su fe por su malvada agenda. Es difícil saber qué retribución podrían haber estado planeando los fascistas para este Papa franco, ya que falleció por causas naturales (hasta donde sabemos) poco después en 1939. Pero se dice que logró irritar tanto a Mussolini que, al recibir la noticia de la muerte de este Papa, el dictador italiano gritó aliviado: "¡Por fin, ese viejo terco está muerto!"

Mussolini puede haber llamado a Pío XI "terco", pero Malaquías lo nombró primero: "inquebrantable". Si su fe es lo suficientemente firme como para agitar las plumas de un tirano fanfarrón como Mussolini, ¡usted sabe que debe estar haciendo algo bien!

El próximo Papa y también el próximo Pío, Pío XII, fue nombrado por Malaquías como "Pastor Angelical".

Dependía de él para guiar a su rebaño a través de lo peor de la Segunda Guerra Mundial y sus consecuencias, por lo que, una vez más, parecía que Malaquías estaba en el blanco.

Juan Pablo II fue otro Papa cuya clasificación de Malaquías al principio parecía extraña, pero más tarde resultaría adecuada. Juan Pablo II, que reinó desde 1978 hasta su muerte en 2005, fue uno de los papas más populares de todos los tiempos. Pero todo lo que

Malaquías tenía que decir sobre él era "De Medietate Lunae" - "El trabajo del sol". Parece una completa tontería, ¿verdad?

Bueno, casualmente o no, ¡Juan Pablo II tuvo el extraño honor de que tanto su nacimiento como su muerte ocurrieran durante un eclipse solar!

Las probabilidades de ser tratado con un eclipse de sol tanto el día que naces como el día que mueres no son juegos de palabras, simplemente astronómicos.

Hay muchas conjeturas acerca de las profecías papales de Malaquías, si son ciertas y qué podrían significar. Pero para aquellos que creen en ellos, una cosa es cierta: la línea papal pronto llegará a su fin. Malaquías predijo que solo habría 112 papas, y el último papa cumpliría su mandato durante una destrucción catastrófica de Roma.

El Papa Juan Pablo II fue el Papa número 110, lo que convirtió a su sucesor, el Papa Benedicto XVI, en el 111.

. . .

Ahora que Benedicto XVI ha sido sucedido por el Papa Francisco, algunos han afirmado naturalmente que Francisco es entonces el Papa número 112 final. Pero hay otros que argumentan que, dado que Benedicto renunció y todavía está vivo, todavía estamos en la era del Papa 111 con Francisco como un reemplazo temporal hasta que surja el Papa 112 real después de la muerte de Benedicto.

Pero quienquiera que sea el Papa número 112, el pronóstico, el único de una extensión sustancial que dio Malaquías, no suena bien.

Con respecto a este Papa final, Malaquías nos advierte: "En la extrema persecución de la Santa Iglesia Romana, se sentará Pedro el Romano, quien apacentará sus ovejas en muchas tripulaciones, y cuando estas cosas acaben, la ciudad de las siete colinas será destruida, y el juez terrible juzgará a su pueblo. El Fin". Sí, como un tío sádico que cuenta el cuento más aterrador antes de dormir, Malaquías profetiza que la Iglesia Católica enfrentará muchas luchas y persecuciones mientras el último Papa la guía a través del caos, hasta que todo termine y lleguemos al "Fin".

. . .

Hablando de la destrucción de la ciudad de las siete colinas, Roma, la profecía de Malaquías prevé la aniquilación completa y total del Vaticano. Curiosamente, tres escolares de Fátima, Portugal, tuvieron una visión muy similar del futuro de la Iglesia casi 800 años después. A principios del siglo XX, estos niños afirmaron que la Virgen María se les apareció y les mostró escenas de los últimos días. En ellos, vieron a un Papa, aparentemente el último Papa, caminando entre los escombros de una ciudad que había sido arrasada por una guerra horrenda.

El Papa parecía estar buscando sobrevivientes mientras caminaba "temblando, con paso vacilante" entre los escombros, pero al final todo lo que está triste figura pudo hacer fue orar por las almas de los cadáveres que encontró en su camino.

Los niños de Fátima vieron entonces a este futuro Papa subir una gran colina coronada con una cruz toscamente tallada. Cayó de rodillas en oración frente a esta cruz y luego varios soldados corrieron hacia él, abrieron fuego y lo mataron a tiros con rápidas ráfagas de sus ametralladoras. ¿Era este papa mártir que estos niños observaron en su visión, el mismo 112º Papa final del que habló Malaquías? El tiempo lo dirá, y no será mucho tiempo.

Michel Nostradamus

Tal vez ningún profeta haya captado la atención del mundo como el hombre que conocemos como Nostradamus. Nacido en el tranquilo pueblo francés de St. Remy de Provence el 14 de diciembre de 1503, Nostradamus comenzó su vida profesional no como profeta sino como médico. En esta vocación ganó fama temprana simplemente por sobrevivir varios años de contacto directo con las víctimas de la peste que trató. Cuando tantos otros murieron por ese contacto, ¿podría ser que alguien estaba cuidando a Nostradamus, tal vez salvándolo para cumplir algún propósito mayor en la vida?

Pero sea ese el caso o no, fue durante su práctica clínica que Nostradamus comenzó a tener experiencias visionarias y sus predicciones pronto llegarían a conmocionar al mundo con su precisión. Casi 500 años después, el mundo todavía está completamente hipnotizado por sus profecías.

Parte del encanto proviene de la forma en que Nostradamus los escribió. En lugar de simplemente exponer todo en inglés simple o, en el caso de Nostradamus, en francés medio simple, escribió sus sabias palabras en crucigramas llamados "Cuartetos". La naturaleza enigmática de sus ingeniosos acertijos ha atraído a muchos a tratar de resolverlos.

Por supuesto, como los críticos de Nostradamus se apresuran a señalar, la naturaleza vaga y etérea de estas piezas de prosa profética nos permite llegar a casi cualquier solución a posteriori. De hecho, es bastante fácil, después de algún evento trascendental, hojear los escritos de Nostradamus y encontrar una cuarteta que parezca describir exactamente lo que sucedió. A veces parece que casi cualquier cosa puede pasar, y con un poco de esfuerzo puedes encontrar una cuarteta que coincida.

· · ·

Pero no todas las profecías de Nostradamus se descartan tan fácilmente como una mera retrospección fantasiosa. Hay ciertas afirmaciones que no pueden descartarse inmediatamente como ilusiones. Tomemos, por ejemplo, una de sus primeras predicciones, que hizo en un viaje a Italia durante el cual conoció a algunos monjes franciscanos. Nostradamus identificó a uno de los monjes, un hombre llamado Felice Peretti, como futuro Papa y Peretti ascendió al Trono de San Pedro como Papa Sixto V en 1585, varios años después de la muerte de Nostradamus.

Después de que Nostradamus regresara a Francia, comenzó a dedicarse por completo a sus experiencias visionarias. Se encerraba en una habitación a altas horas de la noche y miraba fijamente un cuenco de agua lleno de hierbas aromáticas. Al inhalar su fragancia, entraba en un estado de trance en el que veía visiones del futuro. Y para su crédito, la mayoría de las cosas que profetizó que sucederían durante su propia vida realmente ocurrieron.

Por ejemplo, Nostradamus hizo una predicción con respecto al Rey de Francia afirmando que "un león joven vencería a uno mayor en el campo de batalla". Él "perforaría sus ojos a través de una jaula de oro" y el viejo rey luego "moriría de una muerte cruel". Nostradamus fue directo al rey para advertirle que esta profecía se refería a él y que debía evitar las justas a toda costa.

Comprensiblemente, el rey incrédulo simplemente ignoró al extraño y monacal Nostradamus. Sin embargo, tuvo motivos para arrepentirse unos años más tarde, cuando participó en una justa con un hombre más joven.

El partido terminó con una lanza que atravesó la visera dorada del rey y su ojo, infligiendo una lesión cerebral fatal. El rey herido permaneció con un dolor insoportable durante otra semana antes de sucumbir al golpe que le asestó el "león joven".

También se dice que Nostradamus predijo la fecha de su propia muerte, así como la fecha en que los ladrones de tumbas irrumpirían en su tumba, una profecía verificada por un medallón que los ladrones encontraron inscrito con la fecha exacta de su crimen. Todo esto está muy bien, por supuesto, pero ¿qué tiene que decir sobre el futuro lejano, es decir, nuestro presente? ¿Qué predijo Nostradamus sobre nuestros propios tiempos y qué nos depara el futuro?

Bueno, algunos dicen que Nostradamus predijo una guerra global contra el terror en curso, que supuestamente fue iniciada por una de las pocas cuartetas que Nostradamus etiquetó con una fecha exacta.

Esa fecha era 1999, y la cuarteta decía: "En el séptimo mes de 1999, un gran rey del terror descenderá sobre el mundo". Por supuesto, el noveno mes de 2001 podría tener más sentido que el séptimo mes de 1999 en este contexto; Después de todo, fue el 11 de septiembre de 2001 cuando descendió un gran rey del terror en forma de aviones secuestrados que se estrellaron contra el World Trade Center, el Pentágono y un campo de Pensilvania. Aun así, podemos permitirle al hombre un pequeño margen de error después de casi 500 años, y algunos explican la discrepancia al afirmar que los eventos que llevaron al 11 de septiembre en realidad comenzaron en julio de 1999.

. . .

Básicamente, Nostradamus predijo que la Tercera Guerra Mundial comenzaría en 1999 y duraría 27 años. Si ve la guerra contra el terrorismo como una Tercera Guerra Mundial no reconocida, eso significa que podemos esperar que termine en algún momento en 2026. Sin embargo, la forma en que supuestamente sucederá esto es algo sorprendente. Según Nostradamus, Francia será asaltada por cinco países por negligencia. Túnez, Argel incitados por los persas (iraníes). León, Sevilla y Barcelona fracasarán. No tendrán la flota a causa de los venecianos".

Con una especificidad inusual, Nostradamus parece estar pronosticando un ataque sorpresa que involucra a los países de Túnez y Argelia, encabezados por Irán, que asesta un golpe devastador a Francia mientras conquista partes de España.

Ahora, consideremos esto como una alegoría derivada del punto de vista de Nostradamus como hombre del siglo XVI. Los venecianos eran la principal potencia marítima de la época, por lo que la referencia a Venecia puede entenderse como la fuerza naval de Europa en su conjunto. Por lo tanto, Nostradamus predice que una brecha en las defensas mediterráneas del continente permitirá que un ejército islámico masivo se abra paso y arrase con Francia mientras en realidad mantiene territorio en España.

Pero por terrible que suene, anímate: Nostradamus nos da un poco más de tiempo que San Malaquías. De hecho, ¡él no predice el fin del mundo hasta el 3797! Y, lo que es más, en su escritura críptica parece aludir a los viajes espaciales y la migración de la humanidad a otros sistemas estelares para escapar de cualquier calamidad que haya caído sobre la Tierra.

Como explica Nostradamus en una cuarteta de ese año, "El mundo se acercará a una gran conflagración, algunos se reunirán en Acuario durante varios años, otros en Cáncer durante más tiempo". Para algunos, la única interpretación posible es que Nostradamus se estaba refiriendo a una futura colonización interestelar de sistemas solares lejanos dentro de estas dos constelaciones.

. . .

Entonces, si vamos a creer las palabras proféticas de Michel Nostradamus, a pesar de toda la agitación, la lucha y el caos, todavía podemos mantener la cabeza en alto. Porque el destino de la humanidad aún se encuentra en algún lugar de las estrellas.

Edgar Cayce

Edgar Cayce nació como hijo de un simple agricultor de Kentucky en 1877, y se esperaba que siguiera los pasos poco notables de su familia. Pero esto no estaba destinado a ser. Más tarde, Cayce recordó que su primera indicación de que estaba destinado a un propósito superior se produjo cuando tenía 12 años, pasando una tarde tranquila en el bosque cerca de su casa leyendo su Biblia. En medio de este estudio bíblico improvisado, fue acosado por una figura alada que percibió como un ángel.

Esta figura le preguntó al aterrorizado Cayce qué quería hacer con su vida "más que nada". Haciendo acopio de valor, el niño respondió que le gustaría ayudar a los demás. Después de esta breve sesión de preguntas y respuestas, la aparición simplemente se desvaneció como si nunca hubiera estado allí en primer lugar.

Cayce quedó asombrado por el encuentro, pero inicialmente decidió guardárselo para sí mismo. Sin embargo, le pesaba en la mente y, de vuelta en el mundo mundano de la escuela, comenzó a quedarse atrás de sus compañeros de clase, obteniendo malas calificaciones en sus exámenes de ortografía. Cuando su padre, un estricto disciplinario, recibió noticias de sus pésimos puntajes, estaba muy decepcionado de Cayce y le ordenó que se quedara despierto estudiando su ortografía toda la noche, si era necesario.

Durante esta sesión intensiva nocturna, Cayce fue contactado una vez más por la entidad del bosque. Esta vez no vio al ser, pero escuchó claramente su voz en su cabeza pidiéndole que escuchara. La criatura celestial le prometió que, si simplemente dormía, aprendería todo lo que necesitaba saber. Probablemente contento con la excusa, Cayce apoyó la cabeza en su libro de texto y tomó una siesta tal como se le indicó.

· · ·

Para su asombro, cuando despertó, cada palabra de ese libro estaba permanentemente grabada en su cerebro.

Debe ser la fantasía de todo escolar apoyar la cabeza sobre un libro de texto como si fuera una almohada y despertar con el contenido absorbido en el cerebro como por ósmosis. Pero según Cayce, esto es precisamente lo que sucedió y fue solo el comienzo de una larga vida de extraordinaria percepción clarividente, ¡casi todo mientras dormía!

Esta percepción pronto abarcó eventos futuros, así como listas de ortografía, y no es de extrañar que Cayce fuera conocido como "El profeta durmiente". Hablando en sueños, predijo con éxito eventos relacionados con la Segunda Guerra Mundial y las muertes de algunos de los presidentes de Estados Unidos, solo por nombrar algunos.

También demostró ser capaz de diagnosticar cualquier enfermedad y prescribir un tratamiento para curarla.

· · ·

A pesar del poder de sus habilidades, cuando era joven, Cayce inicialmente dudaba en abrazarlas, preocupado de que fueran en contra de las principales enseñanzas cristianas.

Pero a principios de 1900 había llegado a aceptar sus dones inusuales y logró reconciliarlos con su todavía fuerte fe en Cristo, incluso cuando comenzó a creer en la posibilidad de la reencarnación del alma humana. Esta creencia se basaba en su experiencia personal de varios de sus propias vidas pasadas y las de otros, así como una de sus vidas futuras.

Sí, en una de las sesiones de sueño más sensacionales de Cayce, supuestamente se vio proyectado en una vida futura que vivirá alrededor del año 2100. Experimentó el mundo del futuro como un joven que vivía con sus padres en una comunidad residencial en algún lugar en Nebraska. Pero el mundo de 2100 era muy diferente de lo que Cayce conocía, o de lo que conocemos, aunque en una era de preocupación por el cambio climático, parece una predicción aterradoramente plausible. Según Edgar Cayce, durante esta época el mundo acababa de pasar por grandes cambios ambientales, y dado que la Costa Oeste se había hundido bajo el mar,

Nebraska estaba ahora en la costa de unos Estados Unidos muy disminuidos.

Cuando el futuro Cayce les explicó a sus padres que su espíritu estaba de visita en el pasado, lo llevaron a ver a un grupo de especialistas en reencarnación, un grupo de futuros científicos que aparentemente sabían todo sobre este tipo de cosas, y buscaron enérgicamente descubrir las huellas de su antigua vida. Por muy descabellado que parezca, estos investigadores no solo creyeron su historia, sino que se interesaron tanto en ella que le reservaron un vuelo a bordo de una nave de metal con forma de cigarro (que recuerda un poco a muchos de los avistamientos de ovnis: que estaría ocurriendo después de la muerte de Cayce) para volver a trazar los pasos de su pasado.

En este vehículo, Cayce recorrió sus antiguos territorios de Ohio, Michigan, Kentucky, Alabama y Virginia, que estaban casi completamente bajo el agua. También se cernieron sobre la ciudad de Nueva York, donde Cayce había vivido y trabajado brevemente, y se sorprendió al ver que también estaba destruida en su mayor parte. Sin embargo, los equipos de trabajo intentaban reconstruir la ciudad. Según Cayce, aunque los habitantes de este mundo futuro obviamente tenían tecnología avanzada y un gran intelecto y comprensión, la cooperación era extremadamente escasa. Como tal, fue muy difícil de conseguir, la industria se movilizó para grandes proyectos, y fue por esta razón que los esfuerzos a gran escala como resucitar el horizonte devastado de la ciudad de Nueva York habían sido retrasados por tanto tiempo. Puede que no sea el futuro que nos gustaría imaginar, pero Cayce creía que era verdad, y si alguien rogaba por no estar de acuerdo, el Profeta Durmiente simplemente sugeriría que ellos-"dormían en él".

Baba Vanga

Muchos la conocían como la Nostradamus búlgara. Sus predicciones han conmocionado al mundo tanto por su alcance de gran extensión como por su precisión inmediata. Pero, ¿quién era la profetisa Baba Vanga? Nació como Vangeliya Dimitrova en 1911 en lo que entonces eran las afueras del remanso del Imperio Otomano. En el momento de su nacimiento, ese imperio, conocido durante mucho tiempo como el "hombre enfermo de Europa", estaba realmente en sus últimas piernas. Se rompió unos años más tarde durante la agitación de la Primera Guerra Mundial, y la tierra en la que nació se convirtió brevemente en parte de Bulgaria, la nación que la reclamaría como propia por el resto de su vida.

Baba Vanga creció en la pobreza, pero aparte de esto, tuvo una vida bastante normal hasta que el destino intervino justo cuando tenía 12 años. Durante una fuerte tormenta, un tornado literalmente la levantó del suelo y la arrastró varios pies antes de derribarla nuevamente. Ella resultó herida en la caída, pero lo peor fue que sus ojos estaban completamente llenos de arena y polvo. Su cuerpo se recuperó de este extraño accidente, pero sus ojos no lo lograron. Lentamente perdió la capacidad de ver y finalmente se quedó ciega.

Pero incluso cuando sus dos ojos físicos se cerraron definitivamente, su "tercer ojo", el ojo de la percepción extrasensorial, se abrió de par en par. En el momento de la Segunda Guerra Mundial, se hizo ampliamente conocida por las predicciones que hizo, y durante el transcurso del conflicto, muchas personas la consultaron para conocer el destino de los miembros de la familia que desaparecieron en acción. Y en un momento incluso el zar búlgaro Boris III buscó audiencia con Baba Vanga.

. . .

La notoriedad de este Nostradamus de Oriente siguió creciendo durante las décadas siguientes, a medida que Baba Vanga seguía haciendo predicciones asombrosamente precisas tanto sobre la vida de las personas como sobre los acontecimientos mundiales. Una de sus mayores predicciones fue que la Unión Soviética colapsaría, lo que ocurrió en 1991. Baba Vanga murió después de que se cumpliera esta profecía, a la edad de 85 años. Sin embargo, antes de su muerte, dejó el mundo con una serie de profecías registradas para la posteridad. Se dice que algunos de ellos ya han ocurrido, pero muchos más aún no se han cumplido.

Entre sus profecías póstumas más publicitadas se encuentra la que se dice que predijo los ataques terroristas del 11 de septiembre en los Estados Unidos: "¡Horror! ¡Horror!

¡Los hermanos estadounidenses caerán después de ser atacados por los pájaros de acero!" Aunque esta declaración es ciertamente vaga, no es demasiado exagerado vincular a los "hermanos" estadounidenses con las torres "gemelas" de Nueva York y los "pájaros de acero" con los aviones secuestrados que los derribaron.

Sin embargo, algunas de las visiones de Baba Vanga de lo que aún les esperaba eran mucho más directas, como su profecía de un "Estado Islámico" que surgiría en Siria alrededor del año 2010 y conduciría a la desestabilización y la migración masiva de musulmanes a Europa. La autenticidad de este predicción ha sido muy debatida, pero si ella realmente lo hizo, es difícil de evitar la conclusión de que el conflicto actual con ISIS es precisamente a lo que se refería Baba Vanga.

Por otro lado, Baba Vanga también parece haber hecho una profecía claramente fallida sobre los acontecimientos recientes: predijo que el 44° presidente de los Estados Unidos, que resultó ser Barack Obama, sería el último presidente de los Estados Unidos. Tras la toma de posesión de Donald Trump como el 45° presidente, obviamente este no es el caso, al menos en el sentido literal.

· · ·

¡Hay algunos verdaderos creyentes que argumentan que el decididamente poco convencional Trump ha viciado las normas y estándares del liderazgo presidencial hasta tal punto que la presidencia realmente terminó con Obama!

Pueden señalar la gran cantidad de manifestantes que salieron a las calles para la "Marcha del día de mi presidente no" poco después de que Trump asumiera el cargo.

Y ciertamente hay un coro cada vez mayor que afirma que Trump, sin ayuda de nadie, ha "destruido la oficina de la presidencia". ¿Era este rechazo del número 45 por parte de un gran segmento de la sociedad a lo que se refería Baba Vanga? En cualquier caso, ha dado a sus seguidores motivos para sostener que, incluso con esta predicción, su profetisa favorita no estaba realmente tan equivocada.

Independientemente de cómo te sientas acerca de Trump y la supervivencia de la presidencia de los EE. UU. como institución, probablemente te alegrarás de escuchar la próxima profecía de Baba Vanga: ella predijo que algún gobierno en un futuro cercano hará grandes avances tecnológicos y, de hecho, encontrará la forma de eliminar el hambre mundial para siempre para 2025.

No está claro si esto se logrará a través de superalimentos genéticamente modificados producidos en masa o alguna otra innovación, pero según Baba Vanga, los alimentos pronto serán una mercancía a la que todos tendrán fácil acceso.

Y hay más buenas noticias por delante. En una de sus predicciones más inusuales, Baba Vanga también profetizó que solo unos años después de la erradicación del hambre, una nación no especificada enviará una expedición a Venus para explotar una nueva fuente de energía exótica demasiado caliente para un aterrizaje tripulado. Solo unas pocas naves espaciales no tripuladas lograron aterrizar en el planeta, y solo lograron tomar algunas fotos antes de que fueran destruidas, derretidas después de solo unos segundos de exposición al entorno de alto horno de este mundo infernal. Por supuesto, la naturaleza inhóspita de Venus ya era bien conocida cuando Baba Vanga hizo esta predicción a principios de la década de 1990, por lo que quizás ella también percibió algún desarrollo que haría posible la expedición, ya sea un avance tecnológico o un cambio en el clima de Venus.

Sin embargo, hablar del cambio climático nos lleva de vuelta a la Tierra y a la siguiente predicción, mucho menos placentera, de Baba Vanga: una acumulación de gases de efecto invernadero hará que los casquetes polares de nuestro planeta se derritan por completo para 2033, lo que provocará inundaciones catastróficas en todo el mundo.

Para la década de 2040, Baba Vanga predijo un sorprendente desarrollo en la guerra global contra el terrorismo en la que Roma cae ante los ejércitos musulmanes. Ya sea que no creas en esta profetisa en particular, es ciertamente interesante notar que ella no es la única que predijo la destrucción de Roma por un ejército extranjero en esta época. Los hijos de Fátima lo hicieron, Nostradamus lo hizo, y también San Malaquías, ante él con su famosa visión del último Papa presidiendo una Roma bombardeada justo antes de "El Fin". Sin embargo, la profecía de Baba Vanga es menos definitiva y menos trágica: según ella, ellos mismos van a ser buenos administradores, y la economía europea realmente mejorará bajo su reinado.

Mientras tanto, Estados Unidos sigue siendo una fuerza a tener en cuenta y continúa haciendo anuncios constantes de avances tecnológicos. Las innovaciones en medicina, por ejemplo, permitirán reproducir todos los órganos del cuerpo. Y, a diferencia de la expedición a Venus, los descubrimientos recientes en la investigación con células madre hacen que tal desarrollo parezca muy plausible.

Verás, las células madre son células que se encuentran en el embrión humano y que tienen la capacidad de convertirse en cualquier célula del cuerpo. Puedes tomar una célula madre y persuadirla para que se convierta en una célula pulmonar, una célula cardíaca, etc. Esto ya ha llevado a la regeneración de tejidos vitales a partir de estas células, y sí, se cree que algún día es posible que se desarrollen órganos completos de esta manera también.

· · ·

Estos son desarrollos bastante recientes en medicina: algunos de los mayores avances ocurrieron entre 2006 y 2010, por lo que es bastante impresionante que una mujer ciega y analfabeta que vivía en un pequeño pueblo de Bulgaria a principios de la década de 1990 hubiera sabido que tales cosas serían posible.

Según Baba Vanga, EE. UU. seguirá progresando en muchos campos además de la medicina y eventualmente orientará su investigación hacia la tecnología militar con el objetivo de reafirmar su hegemonía global. Este segundo Proyecto Manhattan culmina en el año 2066, cuando una América resurgente lanza un "arma meteorológica" secreta contra la Roma ocupada por los musulmanes.

Habiendo aprendido a manipular las condiciones climáticas locales, EE. UU. es capaz de enviar rayos y torrentes de granizo sobre sus enemigos en el califato romano, y esta versión futurista de "conmoción y pavor" finalmente ajusta las cuentas y pone fin a la larga guerra global. Sobre el terror Baba Vanga no previó más grandes guerras después de esto, solo una escaramuza entre países pequeños que estalló en 2123 mientras que los países grandes se mantuvieron al margen.

Poco después de esto, las cosas se ponen interesantes una vez más cuando una estación de investigación en Hungría capta una señal de ET en el año 2125. Estos extraterrestres luego hacen una visita personal a la Tierra en 2130.

Resultan ser habitantes del agua y les muestran a sus nuevos amigos humanos cómo construir ciudades bajo los océanos. Incluso cuando la gente comienza a colonizar el lecho marino, la colonización del espacio también se acelera, y en 2183 una colonia en Marte está tan avanzada que declara su independencia. La humanidad se convierte en una especie dividida, que reside en dos planetas separados con dos culturas distintas.

Pero explorar la frontera desconocida del espacio no es todo diversión y juegos.

Después de más incursiones en la búsqueda de vida extraterrestre, la humanidad se topará con algo "verdaderamente terrible" en el año 2221. Ya sea que se trate de un grupo de alienígenas completamente hostil y malévolo o de algún otro peligro imprevisto en el espacio profundo, Baba Vanga nunca elaboró completamente. Pero en una nota positiva, lo que sea que podamos enfrentar, lo enfrentaremos juntos. En este punto, predijo Baba Vanga, la humanidad se habrá olvidado por completo de las pequeñas disputas del pasado y estará más unida que nunca. ¡Este espíritu universal de cooperación conducirá incluso al descubrimiento de una forma limitada de viajar en el tiempo en el año 2288!

A pesar de lo interesantes que son todas estas afirmaciones, debes preguntarte: ¿son estas extrañas reflexiones realmente un retrato del futuro? ¿O el verdadero don de Baba Vanga era simplemente el de contar historias? Bueno, supongo que solo el tiempo lo hará.

2

Visores Remotos - Una Supuesta Línea Del Tiempo Del Futuro

EL FENÓMENO extrasensorial conocido como visión remota ciertamente existió mucho antes del famoso psíquico gurú Ingo Swann acuñó el término a principios de la década de 1970, pero no fue hasta que el gobierno de los EE. UU. comenzó a interesarse que la clasificación realmente se afianzó. El ejército de los EE. UU. se interesó por primera vez en la investigación de la visión remota cuando los espías estadounidenses que husmeaban en la Unión Soviética informaron que los rusos estaban utilizando un nuevo cuadro de guerreros psíquicos entrenados para usar sus mentes para localizar objetivos militares ocultos.

. . .

Ahora, durante la Guerra Fría, el gobierno estadounidense tenía un caso de clase mundial de "mantenerse al día con los Jones".

Con bastante frecuencia, escuchar que sus archirrivales, los soviéticos, estaban involucrados en un área particular de investigación fue todo lo que necesitó para los EE. UU. para saltar con ambos pies. Y así, pisándole los talones a la carrera espacial altamente competitiva de la década anterior, se puso en marcha la carrera psicotónica por la capacidad clarividente.

El primer trabajo oficial de visualización remota del ejército de EE. UU. tuvo lugar en Menlo Park, California, en 1972. Expertos famosos como Ura Geller, el israelí conocido por doblar cucharas con la mente, así como el propio Ingo Swann, estuvieron muy involucrados desde el principio. Sin embargo, fue Geller quien parece haber sentado las bases de cómo se llevarían a cabo los experimentos.

Geller ya era una celebridad conocida debido a la "magia escénica" y las hazañas de tipo mentalista que había utilizado para atraer multitudes en su Israel natal, Estados Unidos y otros lugares antes de involucrarse en el programa. Su participación comenzó cuando fue detenido por la CIA para ser interrogado en agosto de 1973.

Los agentes colocaron al psíquico en una habitación aislada y comenzaron a pincharlo y empujarlo en un intento de determinar el alcance de sus supuestas habilidades extrasensoriales. Las pruebas iniciales fueron bastante simples: un operario en otra habitación del edificio haría un dibujo, y Geller recibió una hoja de papel y un utensilio para escribir y le pidió que reprodujera la imagen. No había manera de que Geller pudiera haber visto lo que este otro individuo había dibujado excepto a través de un talento psíquico para la visión remota.

Aparentemente, esta fue la prueba de fuego de la CIA para iniciar un programa de investigación dedicado a este fenómeno desconocido y no probado previamente. El camino a seguir dependía de los resultados de Geller, y los primeros defensores del programa no se sentirían decepcionados. Con una precisión increíble, Geller recitó dibujo tras dibujo que coincidían casi a la perfección con lo que se le había ocurrido al artista aislado.

. . .

Después de esta exitosa prueba, el programa de visualización remota Stargate comenzó en serio. Al principio, los visores remotos se usaban simplemente para visualizar objetivos lejanos, como cuarteles generales militares, depósitos de suministro de armas y similares.

Pero unos años después del programa, se descubrió que algunos espectadores remotos parecían tener la capacidad de proyectar sus mentes en el futuro para visualizar eventos futuros, así como lugares remotos.

Este sigue siendo uno de los aspectos más controvertidos de un programa controvertido, con algunos de los involucrados que afirman que estos intentos de profecía fueron un éxito absoluto y los escépticos afirman que fueron un fracaso absoluto. Pero, ¿qué descubrió este proyecto, que fue financiado durante más de dos décadas a un costo de más de 20 millones de dólares, sobre nuestro futuro? Aquí hay una línea de tiempo futura, comenzando con el año 2020, de los hallazgos más sensacionales de los espectadores remotos de Stargate.

2020

Se establecerán lineamientos gubernamentales para la provisión de servicios médicos. El suicidio asistido será legal e incluso común.

De hecho, el debate en curso sobre un programa ha presentado advertencias sobre un futuro de tratamiento médico muy racionada.

Y aunque todavía no hemos llegado al punto de la eutanasia, ¿recuerdas la frase "Van a desconectar a la abuela"? Los críticos de la atención médica administrada por el gobierno afirman que la eutanasia se impondrá a los enfermos terminales o incluso a los enfermos crónicos, para reducir la presión sobre los recursos. ¿Podría este sombrío futuro hacerse realidad si un socialista democrático gana la Casa Blanca en 2020? Lo sabremos en un par de años.

. . .

2020 traerá "pruebas suficientemente sólidas" de que los ovnis son, de hecho, naves espaciales pilotadas por seres extraterrestres.

Algunos aficionados a los ovnis dicen que esto significa que el gobierno publicará toda su información secreta sobre ETS este año. Especulan que el reconocimiento por parte del Pentágono en diciembre de 2017 de las investigaciones recientes sobre ovnis fue el comienzo de un proceso que culminará con un momento decisivo en 2020, exactamente como predijeron los espectadores remotos.

Habrá una explosión en el descubrimiento de exoplanetas habitables.

Esta es una predicción de Stargate que ya se está haciendo realidad. El potencial no solo para la vida, sino para la vida extendida por todo el cosmos, se ha convertido en una posibilidad muy real.

2025

. . .

La mayoría de la gente renunciará al horno convencional para comidas prefabricadas completas que se pueden cocinar en segundos.

Si bien es plausible, esto no es trascendental ni impredecible desde el punto de vista de la década de 1970; parece no ser más que una proyección futurista de la clásica cena televisiva. ¡Solo esperemos que estas comidas de microondas nuevas y mejoradas vengan sin el puré de papas empapado tan común en las antiguas!

Una mayor conciencia ambiental estimulará los esfuerzos para reducir la huella ambiental de la humanidad y conservar energía siempre que sea posible. Se utilizarán depuradores de aire para mejorar la calidad del aire.

Todas las bombillas serán de bajo voltaje y de larga duración.

. . .

Esta predicción contiene una cantidad impresionante de presciencia precognitiva. Los depuradores de aire existen, son sistemas de filtración que pueden absorber toxinas dañinas del aire, y es muy posible que se usen más para el 2025. En cuanto a las bombillas ecológicas, solo considera los LED que se han vuelto tan frecuentes. en la última década.

Los hogares inteligentes equipados con inteligencia artificial atenderán de manera proactiva todas nuestras necesidades, controlarán nuestros signos vitales y notificarán a las autoridades en caso de emergencia. Todos los dispositivos electrónicos serán activados por voz.

Las casas inteligentes ya son un concepto muy discutido, y es fácil creer que podrían ser mucho más capaces para 2025. También hay buenas razones para esperar que lo hagan. Aparte de la conveniencia, Al que podría convocar ayuda médica de emergencia podría salvar innumerables vidas. Por supuesto, también podría dar lugar a algunas situaciones bastante cómicas. Imagínate a un paciente reacio discutiendo con su pared:

. . .

"Lo siento, David, pero veo que tu presión arterial está subiendo rápidamente y un ataque al corazón es inminente. Voy a llamar a una ambulancia".

"¡Maldita sea! ¡Te lo dije, es solo una indigestión! Comí unos tacos de la calle y estaban mal, ¡eso es todo! ¡No necesito una ambulancia!"

Pero no importa cuánto discuta David, el Gran Hermano sabe más. Los paramédicos ya están en camino. Y, por supuesto, eso nos lleva al lado negativo de una de las asistentes por voz de tan alta tecnología. Una vez que puedas, IA comenzará a tomar las decisiones. A veces eso puede ser un sueño hecho realidad; otras veces puede ser una pesadilla que induce dolor de cabeza. Pero, de cualquier manera, al ritmo que vamos, parece ser una descripción precisa de nuestro futuro.

2030

Los medios impresos habrán desaparecido por completo.

. . .

No habrá periódicos, ni libros, ni revistas, ni siquiera cupones de papel. Todo será digital.

Hoy en día tal predicción parece bastante indiscutible, incluso banal. Con la llegada de los libros electrónicos y los periódicos en línea, gran parte de lo que solía imprimirse se ha digitalizado. Si la tendencia continúa, realmente no quedará mucho papel para 2030. Sin embargo, para los espectadores remotos de la década de 1970, que trabajaban mucho antes del desarrollo de la World Wide Web, esta predicción acertada parece representar una muy ejemplo impresionante de precognición.

Los votantes descontentos se alejarán del sistema bipartidista tradicional. Habrá tres partidos políticos de línea principal en Estados Unidos: los republicanos, los demócratas y el nuevo Partido de la Libertad Estadounidense. La campaña y la votación se realizarán en línea.

Sin duda, la política estadounidense se encuentra en medio de una gran agitación, por lo que esta predicción no parece demasiado descabellada en este momento. Por supuesto, las preocupaciones sobre el fraude electoral deberán resolverse antes de que la votación en línea pueda convertirse en una realidad. Quizás para 2030 todos tendrán métodos de inicio de sesión a prueba de fallas, registrándose para votar con una parte de información de identificación personal que no puede verse comprometida.

Los cambios regulatorios diseñados para reducir el fraude en las transferencias internacionales de dinero conducirán a la consolidación de la industria bancaria estadounidense en solo cuatro bancos principales. Los bancos emitirán préstamos garantizados por posibles órganos de las naciones.

Si bien la primera de estas predicciones puede estar bien encaminada (tanto la regulación como el ritmo de consolidación han aumentado un poco en los últimos años), la segunda es poco menos que impactante. Hasta la fecha, no hay forma de ofrecer su riñón como garantía, pero según los televidentes remotos del Proyecto Stargate, si quieres un préstamo en 2030, ¡es posible que tengas que prometer un órgano para obtenerlo!

. . .

Una nueva técnica de camuflaje/encubrimiento que utiliza una corriente eléctrica que fluye sobre los uniformes de los soldados podrá desviar la luz y reflejar su entorno para que sean esencialmente invisibles a simple vista. Los combates esporádicos habrán comenzado en una Tercera Guerra Mundial de bajo nivel.

El desarrollo militar del camuflaje activo está en marcha, ¡solo podemos esperar que la preparación para la Tercera Guerra Mundial no lo esté!

Roma será invadida y destruida por cualquier ejército islámico o un número masivo de refugiados de Oriente del Este.

Bueno, eso es interesante, una vez más, volvemos a la destrucción de Roma, como lo profetizaron anteriormente personajes como Nostradamus, San Malaquías, los niños de Fátima y el místico búlgaro Baba Vanga. ¡Escuchar a tantos clarividentes informar sobre exactamente el mismo evento futuro es bastante sorprendente, por decir lo menos!

2035

La Agencia Central de Inteligencia dejará de existir.

Esto debe haber hecho temblar un poco a los controladores de la CIA de los espectadores remotos, y algunos bromistas han sugerido que tal vez fue este hallazgo lo que llevó al final del Proyecto Stargate. ¿La agencia intentaba asegurar su propia supervivencia despidiendo a los espectadores remotos que predecían su desaparición?

Se desplegará la primera computadora cuántica.

Quizás la Agencia Central de Inteligencia ya no era necesaria porque fue reemplazada por una computadora enormemente poderosa. Las computadoras cuánticas han sido objeto de una intensa investigación y desarrollo durante los últimos 10 años y ya se han creado prototipos rudimentarios. Un modelo completamente funcional tendría una capacidad informática tan grande que podría manejar los asuntos de una nación entera por sí mismo. La afirmación de los espectadores remotos de que estas máquinas increíblemente avanzadas serían capaces de resolver problemas de múltiples estados que de otro modo requerirían muchos años-hombre en cuestión de minutos se considera hoy como un simple hecho. Si tal cosa se puede hacer, sin duda revolucionará casi todos los aspectos de nuestras vidas.

La inspiración del proyecto Montauk para cosas mucho más extrañas

Desde el verano de 2016, los fanáticos de la ciencia ficción han estado entusiasmados con una serie web llamada Cosas Extrañas.

Ambientada en la ciudad ficticia de Hawkins, Indiana, la serie se centra en un grupo de personajes que se enfrentan a arrebatos paranormales aparentemente relacionados con experimentos realizados. por el Departamento de Energía de los Estados Unidos.

. . .

Es un gran dispositivo de trama, sin duda, pero lo que saben muchos de los que disfrutan de este programa entretenido y bien escrito es que sus temas principales en realidad se basan en (supuestamente) eventos de la vida real mucho más fantásticos que cualquier cosa representada hasta ahora en algún episodio de la serie ¿Y cuál fue la inspiración para esta popular serie? Una cosita llamada Proyecto Montauk.

Los misterios de Montauk

El Proyecto Montauk no se basó en Indiana sino en la costa este, en Montauk, Nueva York. Es aquí, en una instalación militar poco conocida de la Segunda Guerra Mundial llamada Camp Hero, donde se dice que los científicos del gobierno participaron en experimentos que alteraron la estructura misma del espacio y el tiempo.

El autoproclamado denunciante de esta historia es un ingeniero eléctrico llamado Peter Nicholson que fue contratado por un contratista de defensa de Long Island y colocado en un equipo encargado de estudiar el efecto de los campos electromagnéticos en individuos psíquicamente sensibles. Esto fue a principios de la década de 1970, cuando el mencionado Proyecto Stargate estaba en pleno apogeo, y esto ha llevado a especular que el trabajo de Nicholson estaba relacionado de alguna manera con estos esfuerzos de visualización remota. Pero, aunque el Proyecto Stargate se desclasificó oficialmente en 1995, su conexión con Montauk, si la hay, sigue siendo turbia.

De todos modos, Nicholson comenzó a trabajar en Montauk y luego, de repente, comenzó a tener problemas. Demasiados de sus sujetos estaban en blanco y tenían bloqueos mentales. Inmediatamente sospechó que algún tipo de interferencia externa estaba afectando los experimentos. Estaba trabajando con campos electromagnéticos, después de todo, y alguna señal poderosa de una torre de radio, instalación de radar o similar podría haber estado afectando la investigación. No le tomó mucho tiempo decidir que la enorme antena de radar en el cercano Camp Hero era el culpable más probable. Pero cuando llamó a la base para preguntar al respecto, se le dio la vuelta y nunca recibió una respuesta a sus preguntas.

. . .

Fue solo años después, cuando Nicholson se enteró de que Camp Hero había sido cerrado, que comenzó a hacer un trabajo de detective serio por su cuenta. Llegó para encontrar la antigua instalación militar completamente abandonada. De hecho, no solo estaba abandonado, sino que estaba sorprendentemente desordenado. Los papeles estaban esparcidos por todas partes, las mesas estaban volcadas y el equipo se había apagado apresuradamente, aparentemente a mitad de camino. Había señales de una retirada desordenada y apresurada por todas partes a las que miraba. Pero ¿por qué razón? Ciertamente, esta no era la forma estándar de poner naftalina en una base militar.

Mientras caminaba entre los escombros, notó varios amplificadores eléctricos tirados por el patio. Ese equipo de alta tecnología era difícil de conseguir, y se sorprendió al encontrarlo tan cruelmente descartado. Pero el equipo abandonado sería útil para su propia investigación sobre campos electromagnéticos, por lo que se puso en contacto con oficiales militares para preguntar si podía tenerlo.

. . .

Sorprendentemente, se le dio luz verde para salvar lo que quisiera.

Nicholson no pudo obtener ninguna información sobre por qué la base había sido abandonada tan rápido, pero estaba feliz de obtener un equipo de primer nivel de forma gratuita. Inmediatamente emprendió su misión de salvamento, y mientras recogía lo que había venido a buscar, se encontró con una persona sin hogar que acampaba en el patio de la antigua base en sí misma, eso no era algo inusual en Nueva York/Área de Nueva Jersey, pero este vagabundo en particular tenía una gran historia que contar. Rápidamente reveló lo que el Ejército no había hecho y le dijo a Nicholson una increíble historia sobre lo que había causado el cierre repentino de Camp Hero.

Según él, los físicos en el sitio lograron abrir un portal a otro mundo y luego un monstruo lo atravesó. Eso ya suena como mucho material para un thriller de ciencia ficción de Hollywood, pero había otro giro en la trama por venir. Porque mientras el vagabundo continuaba hablando, de repente reconoció a su visitante y sus ojos se abrieron como platos mientras balbuceaba que

Nicholson era "uno de ellos", es decir, uno de los investigadores que había abierto un portal en el espacio y el tiempo.

Aparentemente, el vagabundo deprimido se había inscrito en un estudio de investigación en las instalaciones junto con varios otros que fueron elegidos en la calle.

Y mientras profundizaba en sus recuerdos de la fatídica noche en que se desató el "monstruo de Montauk", tuvo la absoluta certeza de que Nichols había sido uno de los científicos presentes en el evento. Nicholson, sin embargo, no tenía idea de qué estaba hablando el hombre, y al principio lo tomó como nada más que los desvaríos de una mente desquiciada.

Pero muchos de esos desvaríos se confirmarían cuando un hombre llamado Dave Camp buscó la ayuda de Nicholson para desbloquear sus propios recuerdos revueltos a través de la regresión hipnótica. Camp también había trabajado en las instalaciones de Montauk y, como muchos de sus antiguos colegas, padecía un tipo de amnesia sospechosamente específica. Si bien sabía que había trabajado en la base, no recordaba lo que había hecho allí. El valor de varios años de entradas y salidas en este trabajo, una sección completa de su vida, había sido borrada de su memoria.

Para resumir una historia bastante larga y complicada, Nicholson afirma que hipnotizó a Camp y descubrió la verdad sobre la manipulación del tiempo y el espacio por parte de Montauk. Bajo hipnosis, Camp declaró que no era originario de nuestra línea de tiempo.

Como un soldado durante la Segunda Guerra Mundial, había sido parte de una tripulación de sujetos de prueba estacionados en la cubierta del USS Eldridge de la Armada cuando se llevó a cabo el infame Experimento Philadelphia de naves invisibles al radar. Supuestamente, esto tuvo el resultado inesperado de deformar el espacio-tiempo alrededor de la nave, lo que hizo que la Eldridge también fuera invisible a simple vista y también la teletransportó desde Filadelfia a la costa de Virginia. Camp de alguna manera abandonó el barco y terminó en el futuro, donde el Proyecto Montauk retuvo sus servicios como psíquico.

. . .

Todo suena mucho más extraño que cualquier cosa que se les haya ocurrido a los escritores de la serie, pero eso es lo que Nicholson dice que dijo Camp. Y mientras Camp continuaba con su extraña narración, confirmó las divagaciones del transeúnte que Nicholson había encontrado en la base, diciéndole a Nicholson que de hecho era parte del Proyecto Montauk.

Con la memoria de Camp restaurada, Nicholson también buscó recuperar sus propios recuerdos perdidos.

Estos demostraron ser igual de sorprendentes, ya que involucraban visiones de un extraño dispositivo llamado "Silla Montauk" que había sido creado con componentes técnicos de una civilización extraterrestre o que el ETS los había entregado directamente a los humanos. Aparentemente, esta silla amplificaba la capacidad telepática de cualquiera que se sentara en ella, y fue a través de esta maravilla tecnológica que psíquicos como Dave Camp pudieron abrir portales en el tiempo y el espacio.

· · ·

La llegada de Al Bielek

Fue a través de uno de estos portales del tiempo que surgió otra figura central en la historia de Montauk: un hombre llamado Al Bielek. Bielek, quien falleció en 2011, era una figura muy conocida en el mundo de la teoría de la conspiración y lo paranormal. Era un elemento habitual en el circuito de conferencias, y aunque su material escrito es bastante escaso, registró muchas horas de testimonio oral que ascendió a, como él mismo siempre admitiría fácilmente, algunas afirmaciones increíblemente extrañas. Hasta el día de su muerte, Bielek insistió en que sabía exactamente lo que deparaba el futuro. De hecho, gracias a la gente de Montauk, había estado allí para averiguarlo de primera mano.

Específicamente, dijo que viajó al año 2137, aunque "viajó" es simplemente una palabra operativa aquí.

Según Bielek, atravesó el portal del tiempo y lo siguiente que supo fue que estaba despertando en una cama de hospital en un centro médico de alta tecnología en un futuro lejano. Al parecer, lo habían descubierto tirado al aire libre en algún lugar, inconsciente y sufriendo algún tipo de quemaduras por radiación adquiridas durante su viaje a través del hiperespacio. El personal médico ahora estaba tratando de tratar sus heridas con máquinas que proyectaban ondas de luz y vibraciones a través de su cuerpo. Y, podrías preguntarte, ¿cómo se sintió el personal del hospital acerca de un viajero en el tiempo quemado que apareció de repente en medio de ellos? ¿Se quedaron en shock? ¿Se desconcertaron? Según Bielek, en realidad no estaban tan sorprendidos, solo interesados en entrevistarlo para aprender más sobre su período de tiempo para sus registros históricos.

La estadía de Bielek en 2137 duró poco más de un mes, y luego, tan pronto como sus quemaduras por radiación sanaron, salió misteriosamente de esa corriente de tiempo y resurgió aún más lejos en el año 2749. Aquí, afirmó Bielek, permaneció mucho tiempo más, unos dos años, y aprovechó el tiempo para aprender mucho sobre el mundo de mediados del siglo 28.

Una de las primeras cosas que notó fue lo poco poblada que parecía.

No había multitudes de las que hablar, y la gente

era relativamente escasa en todos los lugares a los que iba.

Sus anfitriones le explicaron que esto era deliberante; los controles de población se aplicaron activamente y, como resultado, todo el planeta tenía una población más o menos constante de poco menos de 300 millones de personas (menos que la de los EE. UU. actuales). Se había determinado que esta cifra baja era el número óptimo de personas que la Tierra podía soportar y aún así proporcionar los máximos recursos para todos.

En el siglo XXI, la población mundial ha alcanzado los siete mil millones y, por ahora, este número enormemente mayor parece sostenible. Sin embargo, a largo plazo, se desconoce si la Tierra podrá seguir manteniendo a tanta gente, especialmente si algún desastre agota los ya escasos recursos del planeta. Según Bielek, el mundo del futuro no tenía esta preocupación.

La guerra ya no era una preocupación tampoco; ya que la humanidad tenía una sobreabundancia constante a su disposición, no había peleas por comida, agua, aceite o cualquier otra cosa. En consecuencia, tampoco había fronteras.

Esta Tierra futurista se había librado para siempre del arraigado concepto del estado nación, creando un planeta sin fisuras para toda la humanidad.

Este planeta no estaba supervisado por ningún presidente, ningún emperador, ningún gobernante convencional en absoluto. La humanidad se había hartado tanto de las debilidades y las pequeñas disputas de los políticos humanos que voluntariamente habían entregado las riendas del poder a una "computadora sintética" que ahora controlaba el mundo entero. Bielek se enteró de que esta computadora había sido creada 200 años antes y era tan poderosa que podía realizar cálculos masivos a nivel global en tiempo real, controlando sin problemas todas las funciones del planeta.

Si bien los espectadores remotos del Proyecto Stargate habían previsto avances similares en inteligencia artificial que conducían a sistemas informáticos que podían funcionar sin intervención humana, sus predicciones fueron durante un tiempo mucho más cercanas a las nuestras y en una escala mucho menor. Según Bielek, para el siglo 28 Al gobernará literalmente el mundo.

Afortunadamente, lejos de los escenarios de ciencia ficción de pesadilla de al tomando el control y vaporizando a la humanidad, Bielek imaginó una verdadera utopía. Nadie tenía que trabajar, todas las necesidades de la humanidad estaban atendidas y el mundo estaba en paz. No había necesidad de dinero: todos tenían una asignación de "créditos" para comprar cualquier producto manufacturado que necesitaran y nadie prescindía de ellos. Los únicos verdaderos trabajadores eran el puñado de ingenieros que sabían cómo funcionaban las computadoras y permanecían en estado de alerta en caso de que fuera necesario hacer alguna reparación o ajuste. Pero en su mayor parte, el mundo funcionaba solo sin necesidad de ayuda humana.

Dado que la humanidad estaba unida bajo la hegemonía benévola de la inteligencia artificial, no había necesidad de un ejército permanente. Sin embargo, el mundo retuvo cierta capacidad militar en forma de armas de energía automatizadas masivas:

haces de partículas, láseres y similares enterrados en silos subterráneos. Incluso con la paz en la Tierra, el resto del universo era un lugar impredecible, y la computadora gobernante había decidido que no sería prudente dejar el planeta completamente indefenso. Estas armas podrían usarse para repeler un ataque alienígena desde el espacio exterior si alguna vez se presentara la ocasión.

Al Bielek dijo que estas fantásticas visiones del futuro cambiaron su vida para siempre. Y si son ciertas, ¿quién podría culparlo? La mayoría de nosotros no habríamos permanecido tan tranquilos y afables como Bielek si nos hubieran sucedido cosas tan extraordinarias. Entonces, ¿deberíamos creerle? Bueno, ya sea que le creamos o no, como han confirmado los escritores de la serie, ¡es una historia bastante buena!

3

¿Alienígenas Del Espacio Exterior O Viajeros Del Tiempo Futuro?

Sɪ ᴇsᴛás ᴅᴇᴍᴀsɪᴀᴅᴏ ꜰᴀᴍɪʟɪᴀʀɪᴢᴀᴅᴏ con el mito de los Ovnis que se ha discutido durante décadas y necesitas un giro en la trama para animar las cosas, uno relativamente bueno es el concepto de que estos "alienígenas del espacio" cabezones no son más que humanos desde el futuro. Aunque debe admitirse que esto representa solo un pequeño subconjunto de la teoría OVNI que a menudo se pasa por alto, vale la pena tomar nota de las pocas afirmaciones que se han hecho a este respecto.

El incidente del bosque de Rendlesham

. . .

El incidente del bosque de Rendlesham, que tuvo lugar en diciembre de 1980, es en realidad uno de los casos más famosos de toda la ufología.

Involucró a personal militar de los EE. UU. que estaba destinado en una base aérea en Gran Bretaña, y el caso proporciona no solo relatos de testigos presenciales de fuentes inusualmente creíbles, sino también una grabación de audio bastante memorable que documenta sus reacciones al OVNI en tiempo real.

La parte de esta historia que muchos tienden a pasar por alto es que, durante la regresión hipnótica posterior, uno de los participantes ofreció una alternativa a la narrativa convencional que conecta a los ovnis con los extraterrestres. Este soldado estaba firmemente convencido de que la nave que encontraron no vino de un planeta distante sino de nuestro propio futuro lejano.

Pero antes de profundizar en las posibles ramificaciones de esta teoría, repasemos los antecedentes básicos del incidente del bosque de Rendlesham. El OVNI fue encontrado por primera vez en las primeras horas de la mañana del 26 de diciembre de 1980, por miembros de un destacamento de seguridad que vieron un extraño objeto luminoso aterrizó entre los árboles del bosque de Rendlesham. Incapaces de soportar esta invasión del espacio aéreo de la base, el equipo partió inmediatamente en su persecución.

Uno de los soldados del grupo, un hombre llamado John Patts, recordó más tarde que encontraron una nave flotante de origen desconocido. Pudo hacer un breve contacto físico con el OVNI, pasando la mano por su "superficie cálida", y también logró memorizar varios símbolos que observó en su exterior, que luego reprodujo con lápiz y papel. Patts no estaba seguro de cuánto tiempo se paró frente al vehículo, pero en algún momento el OVNI hizo una salida repentina, se elevó del suelo y salió disparado a gran velocidad, dejando a un soldado muy desconcertado a su paso.

La experiencia fue tan irreal que muchos de los testigos oculares, al despertarse a la mañana siguiente, se preguntaron si todo había sido un sueño. Pero cuando regresaron al bosque e investigaron el área en cuestión, supieron que no habían estado imaginando cosas. Había signos reveladores de la aparición del vehículo a su alrededor: tierra removida, hierba quemada y ramas rotas, y todos los animales de una granja cercana estaban haciendo un alboroto increíble, obviamente todavía muy asustados por algo.

Los hombres informaron de sus hallazgos a su oficial superior, el teniente coronel Conrad Harold, quien decidió investigar más a fondo.

Regresaron al sitio en las todavía muy oscuras horas de la mañana del 28 de diciembre y comenzaron una catalogación exhaustiva de trazos de evidencia física, tomando muestras de suelo y documentando las elevaciones en la radiación. Mientras trabajaban notaron una luz parpadeante en la distancia junto a una antigua granja. Sospechando que esto no era así. solo un granjero que intentaba mostrar su nuevo tractor, el grupo se emocionó mucho ante la perspectiva del regreso de la nave misteriosa.

Moviéndose hacia la luz, vieron un vehículo en forma de trípode que flotaba a unos pocos pies del suelo. No había ventanas, pero la nave estaba cubierta de luces, iluminada casi como una especie de elaborado adorno navideño. Harold afirma que el objeto pronto comenzó a gotear "algo que parecía metal" y luego procedió a desafiar la física al romperse en "varios objetos más pequeños de color blanco" que corrieron en todas direcciones.

El comandante de la base aérea, el coronel Tom Cavanagh, informó de un incidente separado en el que sus hombres jugaron al gato y al ratón con el objeto.

Cada vez que "se acercaban a 50 yardas del barco", este se levantaba y se alejaba más de su alcance.

Esta actitud evasiva hace que parezca aún más extraño que John Patts pudiera caminar y poner su mano sobre la nave durante el encuentro inicial, y al final fue John Patts quien transmitió la noticia más extraña de todas cuando reveló que los pilotos del misterioso vehículo le había dado un mensaje.

Patts afirma que, en los días posteriores al encuentro, se despertaba en medio de la noche con "visiones de unos y ceros en [su] mente". Llegó a creer que cuando tocó el costado de la nave ese día, de alguna manera descargó información directamente en su cerebro. Y a medida que los números se repetían en su mente, se sintió obligado a dejarlos salir. Como si estuviera en piloto automático, Patts agarró el cuaderno junto a su cama y lo anotó todo.

Funcionó. Tan pronto como transfirió los números a su cuaderno, la extraña sensación de dígitos repetidos cesó.

Patts conservó el cuaderno, pero casi lo olvidó durante las próximas décadas. No fue hasta 2010 que hizo públicos sus hallazgos. Al contactar a expertos en informática, se enteró de que lo que había anotado medio dormido era un código binario complejo. Sorprendentemente, estos expertos también le informaron que podían traducir el código al inglés.

Decía, en parte, "Exploración de la Humanidad - Continuo para el Avance Planetario-Cuarta Coordenada Continuar-Ojos de Tus Ojos-Origen 52.0942532N-Origen Año 8100".

· · ·

Además del mensaje codificado en inglés, el cuaderno de Patts contenía otros números, como el número de "Origen", que parecían ser coordenadas de ubicaciones físicas.

Y, por supuesto, el intrigante "Año de origen" parece fechar la nave en el año 8100. Como resultado de estos hallazgos, Patts ahora está convencido de que recibió un mensaje pacífico de los viajeros del tiempo del año 8100 que estaban realizando una "exploración de la humanidad".

Y los ceros y unos aparentemente no eran el mensaje completo. Patts decidió someterse a una regresión hipnótica para ver si podía averiguar más sobre su experiencia, y cuando el hipnoterapeuta le preguntó a quemarropa por qué habían venido los viajeros del tiempo, pudo dar una respuesta inmediata. De alguna manera, intuitivamente sabía que estos futuros humanos estaban recolectando material biológico para "sanar su mundo".

· · ·

En una clara correspondencia con un tema prominente en el mito estándar de los ovnis de variedad extraterrestre, estos futuros humanos habían llegado a un callejón sin salida evolutivo y se estaban extinguiendo. ¡Con el fin de salvar su raza en degeneración, necesitaban reabastecer su acervo genético con el ADN del siglo XX y del siglo XX!

¿Suena eso más que un poco descabellado? Probablemente, pero John Patts, Conrad Harold y otros siguen defendiendo su historia.

Hombres de negro - Los policías en turno

Ah, los amenazantes Hombres de Negro, los espantosos extraños vestidos de oscuro que aparecen misteriosamente en las puertas de los testigos de ovnis para disuadirlos de presentar sus relatos. Las historias de los encuentros de Hombres de Negro son a menudo tan extrañas como los encuentros con extraterrestres que supuestamente los provocan. Los Hombres de Negro se parecen casi a los seres humanos normales, pero siempre hay algo que parece estar un poco fuera de lugar. Sus interacciones sociales son tensas y robóticas, sus movimientos entrecortados y torpes. Estos extraños visitantes ciertamente no tranquilizan a sus anfitriones.

Pero aún más extraño que sus gestos es el hecho de que estos Hombres de Negro parecen saber todo sobre cualquier testigo de OVNI. ¡No solo eso, se sabe que visitaron a tales testigos minutos después de su avistamiento de ovnis! En varios casos, alguien ha visto algo extraño en el cielo y luego un hombre de negro lo ha abordado momentos después diciéndole que no se lo cuente a nadie. La persona apenas ha tenido tiempo de registrar el evento y no se lo ha contado a nadie. al respecto, sin embargo, estos hombres vestidos de negro de alguna manera lo saben todo. ¿Quién les dijo? ¿Cómo pudieron saberlo tan rápido?

Según algunos teóricos, la respuesta a esta pregunta es que los Hombres de Negro son del futuro y retroceden metódicamente en el tiempo para contener los avistamientos de ovnis que ocurrieron en su pasado. Por lo general, esperan unos días después de un avistamiento para acosar a un testigo, pero a veces parecen cortar las cosas demasiado cerca y aparecen solo unos segundos después de que ocurrió el avistamiento. En un caso documentado, el Hombre de Negro incluso apareció antes de que ocurriera un avistamiento y terminó intimidando a un futuro testigo de ovnis antes de que hubiera visto uno en primer lugar.

También se ha señalado que los Hombres de Negro parecen estar perpetuamente atrapados en el pasado con sus trajes, sombreros de fieltro y Cadillacs antiguos. Tales accesorios no tenían nada de especial cuando comenzaron los avistamientos de Hombres de Negro a fines de la década de 1940, pero hace mucho tiempo que se han fechado de manera llamativa. Para algunos teóricos, esto indica un origen fuera de nuestro flujo de tiempo. Cualquier viajero en el tiempo que se precie trataría de encajar en los tiempos y lugares que visitó, pero no se podía esperar que lo hiciera del todo bien. Tal vez, cuando el Hombre de Negro llegó por primera vez a nuestra era, tomaron una revista de moda de los años 40, calibraron su aspecto en consecuencia y simplemente no actualizaron sus manuales en las décadas posteriores.

Pero incluso asumiendo que los Hombres de Negro son viajeros en el tiempo, ¿por qué les importaría encubrir los avistamientos de ovnis? Todo está en su pasado,

¿verdad? La explicación es que esta teoría también postula que los ovnis son en realidad máquinas del tiempo. Si ese es el caso, tiene mucho sentido que las futuras autoridades se preocupen por cambiar el pasado. Se ha especulado que algo tan sutil como un viajero en el tiempo que pisa una mariposa en su pasado podría alterar permanentemente su futuro, un fenómeno que a menudo se repite, conocido como el "efecto mariposa". ¿Cuánto más, entonces, un avistamiento OVNI comprobado?

Entonces, tal vez los Hombres de Negro son policías del tiempo que intentan desesperadamente preservar su futura línea de tiempo de la destrucción silenciando testigos de vehículos y seres que se suponía que nunca estarían aquí en primer lugar.

¿Extraño? ¿Aterrador? ¡Por supuesto que sí!

La campana ¿El regalo de los viajeros del tiempo?

Hacia el final de la Segunda Guerra Mundial, cuando los soldados aliados se acercaban al corazón de los nazis, muy pocos alemanes tenían alguna esperanza de victoria. El dictador fascista también estaba bastante desilusionado, pero hasta el final se comportó como si tuviera un as bajo la manga. A pesar de que sus ciudades estaban siendo bombardeadas y sus ejércitos estaban siendo diezmados, este dictador no puso sus esperanzas solo en tanques y divisiones de infantería.

Como lo atestiguan los miembros supervivientes de su círculo íntimo, el tirano nazi tenía una enorme fe en los proyectos ultrasecretos para crear "armas maravillosas".

Este personaje creía que los avances científicos permitirían la construcción de nuevas y poderosas armas que cambiarían el rumbo de la guerra. También lo hicieron los Aliados, para el caso, pero mientras que los EE. UU. tuvieron éxito en el desarrollo de las primeras armas nucleares, los científicos de este líder nunca estuvieron muy cerca de una bomba atómica nazi.

· · ·

Sin embargo, tuvieron mucho más éxito en el área de aviones y cohetes avanzados. Por ejemplo, los alemanes pudieron desplegar el primer caza a reacción del mundo, el Messerschmitt Me 262, después de acelerar la producción del prototipo durante el último año de la guerra. El avión superó fácilmente a los cazas aliados y, si se hubiera introducido unos años antes, podría haber ganado la Batalla de Gran Bretaña o haber evitado la invasión del Día D. Pero esta maravillosa arma llegó demasiado tarde.

En los últimos meses de la guerra, los aviones ni siquiera pudieron despegar porque todas sus pistas habían sido bombardeadas. Al final, los Me 262 capturados en sus hangares subterráneos fueron solo un premio adicional para los ejércitos estadounidenses y rusos conquistadores.

Los vencedores crearon rápidamente sus propios aviones de combate con la ayuda de estos originales nazis y, tras la desclasificación del Proyecto Paperclip, un programa de posguerra en el que Estados Unidos otorgó amnistía a los científicos nazis que aceptaron trabajar en proyectos aeroespaciales estadounidenses, esta parte de la innovación de los alemanes durante la guerra se ha convertido en un conocimiento bastante común.

Lo que sigue siendo materia de leyenda es un supuesto programa de investigación y desarrollo nazi que culminó en un dispositivo llamado "Die Glocke" (en alemán, "La campana", por su forma), que tenía una capacidad antigravedad primitiva e incluso podía deformar el tejido del espacio y el tiempo. Hay que subrayar que todo lo relacionado con Die Glocke son conjeturas; no hay pruebas sólidas de que el programa existiera.

Sin embargo, varias fuentes anónimas que afirmaban haber estado involucradas en la creación de esta rudimentaria máquina del tiempo se dieron a conocer durante la era de la posguerra. Siempre representaron Die Glocke como una campana de metal sólido de 8 pies de ancho y 12 pies de alto. Dentro había dos cilindros llenos de un misterioso superconductor llamado Xerum 525. Estos cilindros giraban rápidamente en sentido contrario a las agujas del reloj, generando un campo gravitatorio increíblemente intenso.

· · ·

La gravedad, como nos enseña la teoría de la relatividad, tiene un efecto directo sobre el tiempo. Y la gravedad generada por Die Glocke fue suficiente para deformar el espacio-tiempo en las inmediaciones En algunos casos, la "zona de efecto" circular de esta manipulación del espacio-tiempo extendido hasta 660 pies de distancia de la campana misma. El fenómeno hizo que el dispositivo levitara, pero como los alemanes no sabían cómo controlar su vuelo, lo mantuvieron encadenado a un círculo de acero en el suelo.

Este anillo de metal realmente existe: todavía se puede encontrar en un antiguo sitio de prueba nazi, luciendo como un Stonehenge de hierro en miniatura. Es la única evidencia física de los experimentos de Die Glocke, y los escépticos sugieren que no era más que la plataforma de una torre de refrigeración.

Pero si vamos a considerar la posibilidad de que los alemanes realmente construyeron una máquina del tiempo voladora, tendríamos que preguntarnos, ¿de dónde sacaron la idea de un dispositivo tan exótico?

¿Fue simplemente la versión alemana del Proyecto Manhattan, con los científicos más brillantes del país llevados al límite para producir resultados espectaculares? O, como han especulado durante mucho tiempo los teóricos de la conspiración, ¿tuvieron algún tipo de ayuda?

¿Se les dieron secretos de tecnología avanzada? Y si es así, ¿por quién? Muchos han señalado con el dedo una especie de pacto interestelar Molotov-Ribbentrop entre el brutal régimen nazi y un grupo de extraterrestres igualmente desagradables.

Otros, sin embargo, han postulado una teoría aún más extraña. No hay premio por adivinar qué es: dicen que no fueron visitantes de otro planeta, sino visitantes de otra línea de tiempo quienes arrojaron esta maravillosa arma en el regazo del líder alemán en esa época. Ciertamente había una rama mística de las SS impregnada de todo tipo de mitos y leyendas, y tal vez sus esfuerzos esotéricos para contactar con entidades extra planares los pusieran de alguna manera en contacto con seres del futuro.

· · ·

Por supuesto, si eso es cierto, nos deja con una pregunta incómoda: ¿Por qué querrían los habitantes del futuro inclinar la balanza a favor de los nazis? Si estaban tratando de ayudar a un grupo tan terrible como los nazis, esperemos que no fueran de nuestro futuro sino de algún suplente bastante abismal. Y con nuestra propia línea de tiempo hasta ahora intacta, ¡asegurémonos de que lo único que vuelva a dar un paso de ganso sea un ganso!

4

Supuestos Viajeros En El Tiempo Y Otra Correspondencia Extraña

ENCONTRAR A ALGUIEN COMO AL BIELEK, que en realidad afirmaba ser un viajero del tiempo, solía ser extremadamente raro. Pero hoy en día aparecen nuevos reclamos en las redes sociales todos los días. Hay innumerables aspirantes a viajeros en el tiempo rastreando las redes sociales y los videos en línea con tentadoras visiones del futuro.

Los crono-nuts (juego de palabras totalmente intencionado) están saliendo de la carpintería, pero no se sabe si alguna de sus extrañas historias es cierta. No hay evidencia real de ninguna manera, por lo que la veracidad de estos cuentos debe ser evaluada por quienes los escuchan. En este capítulo, hemos enumerado una letanía de algunas de las afirmaciones más populares de supuestos viajeros en el tiempo para que puedas decidir por ti mismo.

El diario de Paul Dienach

La historia de las incursiones de Paul Amadeus Dienach en el futuro suena extrañamente similar al relato de Al Bielek. Ambos hombres supuestamente se despertaron en una cama de hospital en un futuro lejano, y ambos se encontraron con muchas de las mismas tecnologías, conceptos y situaciones. O los dos intercambiaron notas en algún momento, o realmente experimentaron por separado el mismo fenómeno y el mismo futuro general que nos espera a todos.

Dienach era un profesor de buenos modales en la Suiza de principios del siglo XX antes de convertirse accidentalmente en un viajero del tiempo. En 1921 contrajo un grave caso de encefalitis letárgica y fue hospitalizado en Ginebra. Los médicos observaron con impotencia cómo su cerebro comenzó a hincharse y cayó en coma. El panorama parecía sombrío y se perdió casi toda esperanza. Pero incluso cuando su cuerpo entró en coma, el propio Dienach se estaba despertando. Sin embargo, no en un hospital suizo, y no en 1921.

Lo siguiente que supo fue que estaba en 3906, y no solo eso, ya no era Paul Dienach. Se encontró dentro del cuerpo de un hombre llamado Andrew Northman. Dienach estaba naturalmente aterrorizado, pero se consoló en el hecho de que aquellos que lo saludaron en 3906 parecían entender exactamente lo que había sucedido. Después de eso él explicó su predicación, fue llevado a ser entrevistado por un panel de expertos que dedujeron que acababa de pasar por un "deslizamiento temporal" completamente espontáneo.

Pero, aunque estos dignos sabían lo suficiente como para comprender y aceptar este extraño evento, no tenían idea de cómo enviar de regreso a Dienach. Así que, decidido a aprovechar al máximo su tiempo en el futuro, comenzó a aprender tanto como pudo. También proporcionó a los entusiastas historiadores detalles íntimos de la vida en la década de 1920, ayudándolos a aclarar conceptos erróneos arraigados durante mucho tiempo.

· · ·

Dienach recibió muchas revelaciones sorprendentes sobre lo que le deparaba el futuro a la humanidad. Significativo para nosotros hoy, se dijo que los actos terroristas se volverían comunes a principios de la década de 2000 y conducirían a décadas de guerra intermitente en un mundo severamente dividido: una de las predicciones más claras de 9/11 y sus secuelas de cualquier profeta.

En un desarrollo que seguramente horrorizará a los libertarios de todo el mundo, el flagelo del terror y la anarquía finalmente sería eliminado por un gobierno mundial con poderes policiales globales. Sin lugar donde esconderse y sin posibilidad de refugio seguro en ninguna parte del planeta, las células terroristas se extinguieron rápidamente y un superestado autoritario marcó el comienzo de una era de paz mundial.

Y por lo que Dienach pudo deducir, la gente de 3906 realmente había adoptado una forma de vida amable, casi infantil y completamente pacífica. Las sospechas de antaño habían desaparecido de la sociedad y todos parecían abrazarse como hermanos y hermanas.

· · ·

El advenimiento de esta paz universal había permitido un período de intenso aprendizaje que produjo varios avances tecnológicos sin mesa. En el siglo 22, uno de los más grandes científicos que el mundo haya conocido jamás, un hombre llamado Andreas Nortrom, había descubierto cómo manipular la gravedad. Esto condujo a la creación de una "puerta de campo" que permitía a las personas caminar a través de puertas de enlace gravitacionales y emerger a una gran distancia por el otro lado.

Estos cortos incluso vincularon la Tierra con Marte, negando por completo la necesidad incluso de un vuelo espacial interplanetario y conduciendo a una rápida colonización del Planeta Rojo. En 2204, Marte tenía enormes ciudades humanas autosuficientes que se extendían por su superficie.

Pero incluso con una tecnología tan avanzada, las cantidades desconocidas e inesperadas del universo podrían tomar completamente por sorpresa a la humanidad. En 2234, los exploradores del desierto marciano liberaron accidentalmente un super virus que había estado inactivo durante incontables eones. Este virus alienígena causó estragos en los sistemas inmunológicos humanos no preparados y diezmó rápidamente a la población marciana. Marte fue puesto en cuarentena, las puertas de los campos marcianos fueron cerradas y nadie podía viajar hacia o desde el Planeta Rojo por temor a que el virus llegara a la Tierra. La plaga finalmente siguió su curso, pero las colonias marcianas nunca se recuperaron de su devastador número de muertos.

Poco después de esta calamidad, los científicos que trabajaban en la tecnología Field Gate la usaron para descubrir una civilización alienígena inteligente.

Estos seres habían pensado que estaban solos en el universo, y se sorprendieron bastante cuando una humanidad curiosa tocó el timbre de su puerta interestelar, pero parecen haber sido lo suficientemente amigables.

Hacia fines del siglo XXIII, los avances en la manipulación genética dieron lugar a un transhumanismo generalizado. Las personas pudieron mapear sus propios genomas, regular directamente la expresión génica y personalizar sus formas físicas como quisieran. Fue el cumplimiento final del concepto del siglo XXI del bebé diseñado, y estos adultos recién diseñados fueron clasificados como "Homo novus", que por supuesto significa "nuevos humanos".

Dienach terminó viviendo en el futuro durante aproximadamente un año antes de desvanecerse tan espontáneamente como había llegado y abrir los ojos para encontrarse de nuevo en una cama de hospital en Suiza en 1921. Sería fácil decir que sus experiencias no fueron más que los sueños febriles de la encefalitis letárgica. Pero Dienach permanecería convencido por el resto de su vida de que lo que experimentó no fue un sueño e increíblemente, nunca diría una palabra sobre lo que había sucedido a nadie más. Simplemente siguió adelante con su vida como maestro como si nada fuera de lo normal hubiera sucedido en ese hospital de Ginebra.

La única razón por la que conocemos la historia es porque Dienach lo escribió todo en un diario que legó a un joven que había sido uno de sus alumnos. Mientras yacía en su lecho de muerte, saliendo de esta vida por segunda y última vez, Dienach instruyó a su antiguo alumno para que leyera el diario y luego lo destruyera.

Después de que Dienach falleció y el hombre revisó el libro, se asombró de lo que encontró. Al principio trató de racionalizar la extraña historia como una novela inédita, pero la forma en que estaba escrita indicaba claramente que se trataba de un relato de primera mano.

Y, además, si fuera sólo una novela, ¿por qué la críptica advertencia de destruirla?

Al final, el alumno de Dienach no hizo caso a sus dictados en el lecho de muerte. Continuó publicitando la narración para la posteridad, y ahora todos podemos examinar esta extraña historia por nuestra cuenta y decidir por nosotros mismos si contiene alguna pizca de verdad. Tal vez algún día alguien encuentre algún significado oculto y llegue a una nueva comprensión de lo que experimentó Dienach. Pero tal como está, el alucinante viaje de Paul Dienach sigue siendo un verdadero misterio en los anales del espacio y el tiempo.

Jim Tomas salva el mundo

Jim Tomas se volvió viral antes de que existiera "viral", todo el camino de regreso a principios de la década de 2000. Su único reclamo a la fama fue la publicación esporádica de mensajes en un foro de Internet con afirmaciones descabelladas de ser del año 2036.

Sorprendentemente, esto le ganó un seguimiento de culto sustancial, lo que parece ser una clara indicación de que estaba diciendo la verdad o que tenía un sentido absolutamente fantástico del desarrollo de la trama. Porque la historia de Jim Tomas, ya sea que la clasifiques como ciencia ficción o biografía, tiene drama más que suficiente para una novela superventas o un guión de Hollywood.

Comienza de manera bastante mundana, en la medida en que una historia de viajes en el tiempo puede ser mundana, con Jim enviado a una misión militar en 1975 para recoger una vieja computadora IBM. Sus superiores necesitaban esta computadora en particular porque tenía una habilidad completamente única para reescribir código UNIX. Parece que las computadoras de 2036, que todavía dependían de UNIX, se dirigían a una gran falla en los próximos años a menos que se reiniciara su código.

Ahora, este IBM único suena como un MacGuffin interesante para una historia de ciencia ficción. Lo único es que realmente existió, y Jim Tomas no tenía porqué saber nada al respecto. Como la charla sobre Tomas y los reclamos crecieron, los asombrados representantes de IBM se sintieron obligados a opinar sobre el tema y confirmar que este modelo particular de computadora tenía las capacidades que Tomas había mencionado. Sin embargo, esa información había sido un secreto comercial celosamente guardado en el gran océano azul. Solo unos pocos ingenieros de alto nivel habían tenido conocimiento de ello, y estaban desconcertados por no decir alarmados e indignados por cómo finalmente se había filtrado al público.

La reacción de IBM demostró que Tomas no era un completo fantasioso. Puede que sea un viajero en el tiempo tal como dijo que es, o puede que sea un miembro no identificado de IBM dispuesto a arriesgar su pensión solo para contar una buena historia. El propio Tomas declaró que su abuelo en realidad había sido empleado de IBM en 1975, y que esta conexión personal fue parte de la razón por la que lo eligieron para la asignación; aparentemente, sus superiores creían que podría ayudar a facilitar el atraco.

Pero Tomas no había regresado en el tiempo solo para ser un ladrón. También quería advertir al mundo que Estados Unidos se polarizaría y dividiría cada vez más.

En su línea de tiempo, esta discordia condujo a una guerra civil absoluta que sólo terminó cuando Rusia intercedió en nombre de uno de los beligerantes con ataques nucleares limitados. Los aliados estadounidenses de Rusia prevalecieron, pero a un costo terrible. Las armas nucleares habían destruido la mayoría de los principales centros urbanos, dejando que la facción ganadora literalmente saliera de los escombros.

Sin embargo, a pesar de lo sombrío que era el propio futuro de Tomas, siempre enfatizó que era solo un futuro posible, y que podría evitarse si las personas tomaban las medidas correctas lo suficientemente pronto. Explicó que, en 2036, la teoría de muchos mundos de la mecánica cuántica había demostrado ser correcta. Esto significaría que hay una cantidad infinita de universos posibles que llenan una cantidad infinita de dimensiones en el tiempo y el espacio. Todo y cualquier cosa podría ser, y está sucediendo en algún lugar del multiverso en un momento dado. Como dijo Tomas en sus publicaciones, el hecho de que algo había sucedido en la línea de tiempo de la que provenía no significaba necesariamente que sucedería en la línea de tiempo a la que se dirigía su audiencia.

Por supuesto, si Jim Tomas fuera un fraude, esta teoría también proporcionaría una escotilla de escape conveniente. Si todas sus predicciones sobre el futuro fallaban, siempre podía decir: "Bueno, por supuesto que eso no sucedió aquí. ¡Ustedes están en una línea de tiempo diferente!"

Tomas también usó la idea de los universos paralelos como la solución definitiva a la antigua paradoja del abuelo. Muchos han argumentado que la paradoja hace que viajar en el tiempo sea imposible, porque si, por ejemplo, alguien retrocediera en el tiempo y asesinara a su propio abuelo, el padre del viajero en el tiempo y, posteriormente, el propio viajero en el tiempo, nunca nacerían. Ahí radica la paradoja desgarbada: si el viajero del tiempo nunca nació, ¿cómo podría viajar en el tiempo para matar a su abuelo en primer lugar?

Pero según Tomas, la teoría de los muchos mundos explica claramente cómo se desarrollaría este escenario.

Si alguien estuviera realmente lo suficientemente loco como para retroceder en el tiempo y matar a su abuelo (¡lo siento, abuelo!), el asesinato crearía inmediatamente una nueva línea de tiempo.

La línea de tiempo original de la que procedía el viajero en el tiempo permanecería intacta e inalterada.

Ahora habría una línea de tiempo / universo paralelo en el que la línea familiar del viajero en el tiempo terminó con su abuelo. Pero en la línea de tiempo nativa del viajero en el tiempo, él aún existiría, su padre aún existiría y su abuelo nunca habría sido asesinado.

Así que Tomas tenía razón al menos en una cosa: que la teoría de los muchos mundos realmente resuelve la paradoja del abuelo.

También parece haber tenido razón en al menos un aspecto del diseño de la máquina del tiempo. Afirmó que su propia máquina del tiempo funcionaba con mini agujeros negros duales que operaban según los principios que uno de los escritores de las historias de terror finalmente defendería, y varios años más tarde el gran físico se pronunció a favor de tal teoría. Como han comentado muchos expertos en muchos campos diferentes, quienquiera que estuviera detrás de las publicaciones de Tomas tenía un gran conocimiento, a veces asombrosamente, sobre una amplia variedad de disciplinas complejas.

Entonces, ¿Jim Tomas era un viajero en el tiempo, un completo fraude o simplemente un tipo realmente astuto y profético? ¡Hasta ahora, nadie más ha sido lo suficientemente astuto como para darse cuenta de eso con seguridad!

. . .

El mensaje del futuro de Mike Phoebe

Dependiendo de con quién hable, la extraña historia de las supuestas aventuras de Mike Phoebe en los viajes en el tiempo corrobora la historia de Jim Tomas o la denigra al exponer a otro engaño que intenta apoderarse de la imaginación del público. Verás, cuando Phoebe se presentó por primera vez en 2018, no solo afirmó ser del futuro, sino que también afirmó ser un conocido personal de la leyenda de los viajes en el tiempo en Internet, Jim Tomas.

Y al igual que Tomas, Phoebe tiene un montón de malas profecías para un futuro muy cercano. Entre ellas, insiste en que existe una alta probabilidad de que la Tercera Guerra Mundial se inicie en 2020, muy probablemente por un ataque nuclear de Corea del Norte en Hawái. Ahora, a pesar de los recientes esfuerzos del ex presidente de Estados Unidos para reducir las tensiones con Corea del Norte, eso todavía es completamente posible. Por otro lado, realmente no hace falta ser un viajero en el tiempo para decirnos eso.

Sin embargo, Phoebe entra en más detalles. Afirma que después de que Corea del Norte lance una bomba nuclear en Hawái, Estados Unidos responde en cuestión de minutos, eliminando al líder supremo de Corea del Norte, a su ejército y a la mayor parte de Corea del Norte con su propio arsenal nuclear. Aunque Estados Unidos es el obvio vencedor en este intercambio "rápido y brutal", desencadena una tercera guerra mundial con Rusia y China moviéndose contra los Estados Unidos y el Reino Unido. Afortunadamente, la cabeza fría prevalece durante este conflicto y la guerra entre el eje Rusia/China y la alianza estadounidense/británica no se vuelve nuclear. Los ataques convencionales todavía causan una enorme pérdida de vidas en todos los bandos, pero después de tres años, la Tercera Guerra Mundial termina con una tregua y el mundo vuelve a la normalidad después de tanta carnicería.

Phoebe también predice que el presidente Trump será elegido para un segundo mandato y luego intentará eliminar los límites de mandato y obtener también un tercer mandato. Pero lo acusan antes de que pueda tener éxito, y las elecciones presidenciales de 2024 se convierten en una competencia entre la ex presentadora de programas de entrevistas de una periodista, presentadora de televisión, productora, actriz, empresaria, filántropa y crítica de libros estadounidense y un hombre llamado Maurice Michelle.

Después de una campaña muy reñida, Maurice derrota a la presentadora y se convierte en el presidente número 46 de los Estados Unidos. Su liderazgo revitaliza el país y genera una serie de nuevas iniciativas.

En el área de la exploración espacial, esta nueva vitalidad parece estar concentrada en el sector privado. La NASA se queda cada vez más atrás de las empresas encabezadas por empresarios tecnológicos que se han cansado de la interminable burocracia de la antigua agencia espacial. Tomando el asunto en sus propias manos, estos hombres usan su dinero y conocimientos técnicos para finalmente hacer realidad los viajes espaciales tripulados de rutina. El hombre más rico del mundo aterriza con éxito una misión tripulada en Marte.

¿Pero el cada vez más irascible ese empresario aguantará tanto tiempo? ¿Quién diablos es Maurice Michelle? ¿Son estas sólo las divagaciones aleatorias de un lunático? Bien, cualesquiera que sean las respuestas a las dos primeras preguntas, la respuesta a la última es casi con seguridad no. Incluso si no es un viajero en el tiempo, las historias que teje Maurice Michelle parecen ser reflexiones bastante perspicaces sobre posibles tendencias futuras.

Abraham Simone, el agente secreto que viaja en el tiempo

Abraham Simone es uno de los supuestos viajeros en el tiempo más recientes en hacer rondas en la red social para videos. Considerado por la mayoría como un bromista y uno bastante malo en eso, Simone está vendiendo una narrativa que lo respalda. En 1981, la CIA lo envió en un viaje experimental a través del tiempo hasta el año 2118.

Simone era un veterano militar con vínculos previos con la agencia, pero su selección para el proyecto parecía ser completamente aleatoria. Los agentes vestidos completamente de negro (¿Hombres de negro?) llegaron a su puerta y le ordenaron que dejara todo y fuera con ellos.

· · ·

Luego, los hombres lo llevaron a su automóvil y le vendaron los ojos antes de encender el motor y llevarlo a dar un paseo. Cuando el automóvil finalmente se detuvo y sacaron a Simone, pudo escuchar las aspas de un helicóptero cercano. Lo llevaron al helicóptero y, después de un vuelo de cinco minutos, sus guías finalmente le quitaron la venda de los ojos y le informaron que estaba en la cima, instalación militar secreta.

Lo condujeron desde la plataforma de aterrizaje por varios tramos de escaleras y un largo pasillo, luego lo indicaron que entrara en una habitación a su derecha.

Dentro había un inmenso aparato cúbico del que brotaban multitud de calibres y cables. También hubo extrañas aberturas en forma de ranura en su parte frontal. Mientras Simone miraba el extraño artilugio, un hombre con bata de laboratorio le informó sin rodeos: "Esta es una máquina del tiempo". El científico y sus colegas continuaron explicando que querían usar a Simone como sujeto de prueba para el dispositivo y que los riesgos incluían lesiones, muerte y perderse para siempre en el tiempo. Por alguna razón, Simone accedió de buena gana a ser su conejillo de indias.

. . .

Los científicos lo colocaron rápidamente en una especie de "traje de hojalata" y casco, dijeron, para protegerlo de niveles peligrosos de radiación. Le ordenaron que se acostara boca arriba en una especie de camilla, que luego fue levantada e insertada en una de las ranuras de la máquina del tiempo. Simone estaba conectado a la máquina tan cómodamente como una unidad flash en un puerto USB. Al principio estaba completamente oscuro, pero después de un momento comenzó a ver destellos repetitivos de luz parpadeando a través del artilugio. Luego, al parecer, perdió temporalmente el conocimiento.

Lo siguiente que supo fue que estaba despertando en una cama de hospital (aparentemente un tema común con los viajes en el tiempo). Pero este hospital no se parecía a nada que hubiera visto antes. Frente a él vio lo que parecía una gran lámina de vidrio flotando literalmente frente a la pared. Cuando miró hacia su izquierda, vio una mesa de vidrio que también parecía estar suspendida en el aire.

Una enfermera pronto entró en la habitación y explicó que Simone había sido ingresado en el hospital después de haber sido encontrado en coma justo en medio de una carretera. Empezó a contarle su historia, pero ella lo interrumpió preguntándole cuándo había ocurrido.

Cuando Simone dio la fecha en 1981, la enfermera lo miró con crédula antes de informarle: "Señor, es 2118".

Simone estaba asombrado, pero se dio cuenta de que no podía discutir sobre eso sin parecer completamente loco.

Cuando la enfermera se fue, tomó lo que parecía un control remoto de TV y presionó el botón de encendido.

La hoja de vidrio que flotaba sobre la pared cobró vida, revelando su propósito como pantalla de televisión. Simone no reconoció ninguno de los programas, pero mientras navegaba por los canales, finalmente se topó con algún tipo de programa de noticias. La fecha en la esquina inferior decía 17 de noviembre de 2118.

· · ·

Comenzando a entrar en pánico, Smith apagó la televisión y se levantó. El personal no se había molestado en ponerle una bata de hospital (todavía vestía la misma ropa que llevaba en 1981), así que simplemente salió de la habitación y se dirigió directamente al ascensor más cercano. Nadie lo detuvo.

Cuando las puertas del ascensor se abrieron en el vestíbulo del primer piso, Simone vio una habitación llena de personas todas vestidas exactamente con la misma ropa, un par de pantalones blancos y una camisa blanca de manga larga. Su propio atuendo obviamente se destacaba, y recibió bastantes miradas desconcertadas, pero las ignoró y salió a la calle.

Fue recibido por un gran cartel adornado con las enigmáticas palabras "Distrito 508 del Imperio Yavis".

¿Dónde estaba él y qué era el Imperio Yavis? Completamente conmocionado, Simone comenzó a tropezar salvajemente a través de la extraña metrópolis futurista en la que se encontraba perdido.

. . .

Incluso en medio de su pánico, Simone estaba intrigado al ver que no había autos en las calles, solo una multitud de peatones y ciclistas. No le tomó mucho tiempo averiguar dónde estaban los vehículos motorizados: miró hacia arriba y los encontró zumbando sobre su cabeza. Este futuro, al menos, estuvo a la altura del viejo tropo de ciencia ficción del auto volador. La ciudad todavía parecía estar sufriendo mucho tráfico en la hora pico, pero dado que se había movido varias millas en el aire, las calles estaban completamente libres para el tráfico peatonal. Simone vio todo tipo de personas de todos los ámbitos de la vida atravesando estas calles.

También vio entidades que aparentemente eran robots.

Estos robots eran casi indistinguibles de las personas de cintura para arriba, pero no tenían piernas. Eran básicamente torsos antropomórficos con cabeza y brazos, y al igual que la mesa de cristal del hospital, flotaban sin esfuerzo unos metros sobre el pavimento mientras se mezclaban con sus contemporáneos humanos.

Con el razonamiento de que un robot podría ser más difícil de desconcertar que uno de sus compañeros,

Simone se acercó a uno y fue directo al grano: preguntó dónde podía encontrar una máquina del tiempo. Sin pestañear electrónicamente, el robot respondió que necesitaba ir a una agencia de viajes en el tiempo. (¡Bueno, obviamente!) El servicial robot le entregó una delgada pieza de vidrio, algo parecido a una tableta. La pantalla mostraba un mapa con su posición actual y la ruta a la agencia de viajes en el tiempo más cercana.

Cuando llegó allí, Simone se dirigió al escritorio principal, que estaba "a cargo" de otro robot, y pidió que lo enviaran a 1981. El robot no lo cuestionó; simplemente soltó el precio del viaje. Reflexivamente buscando su billetera, Simone encontró el grueso fajo de billetes que le había dado la CIA. Tenía el presentimiento de que no era moneda de curso legal en el Imperio Yavis, pero tampoco tenía nada que perder, por lo que vacilante colocó el dinero frente al robot para ver qué pasaba. Para su alivio, el robot simplemente tomó la moneda arcaica, la convirtió de acuerdo con algún tipo de cambio inter temporal y le devolvió un billete y algo de cambio.

· · ·

Luego, Simone fue conducido a una "máquina brillante azul brillante". Se sentó dentro y después de unos minutos volvió a perder el conocimiento.

Lo siguiente que supo fue que estaba despertando en las calles de una sección peligrosa de Los Ángeles. Vio a varias personas sin hogar cerca, pero no estaba seguro de si habían visto su asombrosa llegada. De todos modos, les preguntó qué año era, y tras unas miradas divertidas le dijeron que efectivamente estaba en 1981.

La historia de Simone es ciertamente interesante. Pero, ¿hay algo de verdad en ello? ¿Qué cree la gente en general acerca de esta increíble afirmación? La extraña historia ha recibido mucha difusión en videos en internet, y varios artículos han circulado, y las críticas son mixtas. Parece que los que quieren creerlo lo harán, y los que no, no lo harán. Entonces, te dejaré ser el juez.

Andrew Bass y el Proyecto Pegaso

Andrew Bass ha llenado durante mucho tiempo las ondas de radio de Internet con historias de programas gubernamentales clandestinos, viajes en el tiempo y predicciones apocalípticas del futuro. Bass afirma que en la década de 1970 formó parte de un programa militar secreto llamado Proyecto Pegasus que fue responsable de asombrosos avances en varios campos técnicos.

Estos supuestamente incluían no solo viajes en el tiempo, sino también teletransportación interestelar altamente eficiente que podía enviar a un hombre instantáneamente a cualquier punto del universo.

Bueno, antes de que te pongas el sombrero de papel de aluminio ante afirmaciones tan grandiosas, al menos veamos qué tiene que decir Bass.

Bass afirma que fue seleccionado para el Proyecto Pegasus debido a que había sido "dotado psíquicamente" desde la infancia. No está claro cómo los militares recibieron la noticia de dicha habilidad psíquica, pero Bass afirma que su padre había trabajado anteriormente como ingeniero en varios otros proyectos clandestinos. Por lo tanto, ya tenía cierto grado de familiaridad con el trabajo que se estaba realizando y no estaba completamente sorprendido por los conceptos involucrados.

Poco después de que Bass subiera a bordo, obtuvo una vista cercana y personal de los "portales cambiantes" Proyecto Pegasus se usaba tanto para viajar en el tiempo como para teletransportarse. Consistían en dos brazos en forma de paréntesis que tenían 8 pies de alto y estaban separados por 10 pies. El sistema estaba controlado por bancos de computadoras.

Cuando se encendía el aparato, fluía una tremenda energía a través de para crear un "túnel vortal" que doblaba el tiempo y el espacio. El personal de Pegasus podía simplemente caminar a través de este túnel a otros lugares y tiempos.

El primer viaje de Bass fue un simulacro que lo llevó a un lugar previamente acordado en el actual Nuevo México. El siguiente, sin embargo, lo llevó a otro tiempo y lugar por completo, a la década de 1860 para conocer a uno de los presidentes de Estados Unidos en ese momento y escuchar el Discurso de Gettysburg. Aparentemente, se trataba de una especie de gira de investigación para verificar ciertos detalles históricos para el registro.

Poco después de este período en el pasado, Bass fue enviado al futuro, al año 2045 y una ciudad de alta tecnología llena de rascacielos hechos de acero esmeralda y tungsteno. Al reunirse con un contacto preestablecido, se le entregó una colección de microfilmes que contenían información sobre todos los principales eventos históricos hasta la fecha.

Espera, ¿micro filme? ¿En 2045?

¿Por qué el contacto futurista de Bass no le habría dado los datos en algún medio más futurista, como una memoria USB o una tarjeta SD? Bueno, hay que recordar que Bass venía de los años 70. Si le hubieran dado una memoria USB, no habría habido ningún lugar donde enchufarla cuando regresara. Lo mismo para un DVD. Entonces, a menos que quisiera entregarle a Bass algunas cajas de documentos de árbol muerto, su contacto prácticamente tuvo que usar microfilm para transmitir la información a la era predigital. Eso no quiere decir que la historia de Bass en su conjunto sea verdadera, falsa o algo intermedio, pero esta parte en realidad tiene mucho más sentido de lo que la mayoría de la gente parece darse cuenta.

¿La siguiente parte? No tanto. Bass también ha hecho la afirmación más que sensacionalista de que el presidente número 44 de los Estados Unidos fue miembro de un equipo del Proyecto Pegaso enviado a explorar Marte en la década de 1980. Poco después de las elecciones de 2008, Bass repentinamente salió de la nada para alegar que este político, entonces con el nombre de Bart Smith, se había teletransportado al Planeta Rojo cuando solo tenía 19 años. Extrañamente, la afirmación ganó suficiente fuerza como para que el presidente se sintiera obligado a responder con una negación formal.

Y aunque ahora es bastante común que la Casa Blanca se ensucie con insinuaciones de Internet de todo tipo, disparando tormentas de tweets como si no hubiera un mañana, en los días de la administración de Obama, tal respuesta no tenía precedentes.

· · ·

Bueno, el mundo parece seguir volviéndose más extraño cada día, ¿no es así? ¡Y la última palabra del campo de Bass es que Bass ahora se postulará para presidente! No puedes inventar estas cosas. Este hombre renacentista que viaja en el tiempo ya ha comenzado su campaña para la presidencia, y dice que sus contactos del futuro le han asegurado una victoria, si no en esta elección, seguramente en la siguiente. ¿Será superado el presidente de la cabeza naranja por un progresista que viaje en el tiempo en 2020? Supongo que han sucedido cosas más extrañas.

5

Pensamientos Y Teorías Actuales Sobre Los Viajes En El Tiempo

EL CONCEPTO de viaje en el tiempo ha existido casi tanto como el concepto del tiempo mismo. Parece que tan pronto como el hombre se dio cuenta de que estaba atrapado en una línea de tiempo finita, todo lo que quería hacer era salir de ella. Pero en su mayor parte, estos esquemas han sido solo vuelos mentales de la fantasía, buenos para la ciencia ficción o, como mucho, para la teoría especulativa muy general.

Nadie creía realmente que el viaje en el tiempo pudiera ser realmente posible, es decir, hasta el descubrimiento de algo llamado mecánica cuántica. A diferencia de la física clásica, que tenía un conjunto definido de principios que conducían a resultados predecibles, la mecánica cuántica deja lugar a mucha más incertidumbre.

De hecho, uno de los principios fundamentales de la mecánica cuántica se denomina "principio de incertidumbre". La mecánica cuántica agrega áreas grises a las leyes de la física, y algunas constantes anteriores ahora parecen no ser tan constantes después de todo.

La progresión del tiempo es una de ellas. La teoría de la relatividad revela que el tiempo, en lugar de correr en línea recta, serpentea como un río. El tirón de la gravedad tiene un efecto directo sobre el "flujo temporal" bastante literal sobre el que descansa toda nuestra realidad. Todas las estrellas y planetas del universo son básicamente cantos rodados en las aguas invisibles del tiempo, y el tiempo reacciona a sus fuerzas gravitatorias.

Continuando con nuestra analogía del agua, solo considere los diferentes efectos que un bote grande y un bote pequeño tienen en el agua que los rodea. Los diferentes tamaños de estos botes hacen que el agua se mueva a su alrededor de manera diferente. Este científico descubrió que lo mismo ocurre con el tiempo y la gravedad. El tiempo que fluye alrededor del planeta gigante Júpiter, por ejemplo, sería ligeramente diferente al tiempo que circula alrededor de la Tierra, debido a la mayor atracción gravitacional de Júpiter.

Stan Hill y la conjetura de la protección cronológica

La conjetura de protección de la cronología es una hipótesis formulada por el físico inglés Stan Hill, quien sostiene que las leyes de la Física son tales que impiden el viaje en el tiempo en cualquier escala que no sea submicroscópica. Por otra parte, advierte Hill que la mejor demostración de dicha imposibilidad es que en la actualidad no estamos siendo invadidos por turistas venidos del futuro, afirmación que obviamente expresó siendo consciente de que una curva cerrada de tipo tiempo no permitiría viajar a un tiempo anterior al de su creación. Como aún no se ha construido ninguna máquina del tiempo, no habría por qué esperar turistas temporales.

· · ·

Matemáticamente, la posibilidad del viaje en el tiempo está representada por la existencia de la curva cerrada de tipo tiempo.

Las ideas recogidas en la conjetura son, no obstante, muy serias. Han sido sugeridos multitud de escenarios para las curvas cerradas de tipo tiempo, y la teoría general de la relatividad las prevé en determinadas circunstancias (por ejemplo, permitirían la construcción de una máquina del tiempo a través de agujeros de gusano).

Pero los intentos de incorporar los efectos cuánticos a la relatividad general usando gravedad semiclásica parecen hacer plausible que, en el momento del tránsito, las fluctuaciones en la energía del vacío puedan incrementar la densidad de energía sobre el armazón de la máquina del tiempo (el horizonte de Cauchy de la región donde las curvas temporales cerradas llegan a ser posibles) hasta el infinito, destruyendo así la máquina del tiempo en el mismo instante en que la misma ha sido creada, o al menos impidiendo que nadie externo penetre en ella.

· · ·

La cuestión en este punto es: ¿este aparente impedimento de las curvas cerradas de tipo tiempo es una restricción general de la física, de la misma clase que la ley de la conservación de la energía, o se trata más bien de una coincidencia accidental?

Una prueba definitiva de la validez de la conjetura de protección de la cronología requeriría una teoría definitiva de la gravedad cuántica, opuesta a los argumentos semi clásicos que han sido principalmente esgrimidos para apoyarla (existen también argumentos a favor dentro de la teoría de cuerdas, pero ésta no es considerada todavía una teoría definitiva de gravedad cuántica).

La observación experimental de la curva cerrada de tipo tiempo podría demostrar que esta conjetura es falsa. Sólo si los físicos contaran en su apoyo con una teoría de la gravedad cuántica cuyas predicciones fuesen confirmadas en otras áreas, el hecho les otorgaría un alto grado de confianza en las predicciones de la teoría, acerca de la posibilidad o imposibilidad del viaje en el tiempo.

· · ·

Trabajando a tu manera a través de los agujeros de gusano

En física, un agujero de gusano, también conocido como puente de Einstein-Rosen, es una teoría, característica topológica de un espacio-tiempo, descrita en las ecuaciones de la relatividad general, que esencialmente consiste en un atajo a través del espacio y el tiempo. Un agujero de gusano tiene por lo menos dos extremos conectados a una única garganta, a través de la cual podría desplazarse la materia. Hasta la fecha no se ha hallado ninguna evidencia de que el espacio-tiempo conocido contenga estructuras de este tipo, por lo que en la actualidad es solo una posibilidad teórica en la física.

Cuando una estrella supergigante roja explota, arroja materia al exterior, de modo que acaba siendo de un tamaño inferior y se convierte en una estrella de neutrones. Pero también puede suceder que se comprima tanto que absorba su propia energía en su interior y desaparezca dejando un agujero negro en el lugar que ocupaba. Este agujero tendría una gravedad tan grande que ni siquiera la radiación electromagnética podría escapar de su interior. Estaría rodeado por una frontera esférica, llamada horizonte de sucesos. La luz traspasaría esta frontera para entrar, pero no podría salir, por lo que el agujero visto desde grandes distancias debería ser completamente negro (aunque un científico postuló que ciertos efectos cuánticos generarían la llamada radiación de Hawking). Dentro del agujero los astrofísicos conjeturan que se forma una especie de cono sin fondo. En 1994, el telescopio espacial Hubble detectó la presencia de uno muy denso en el centro de la galaxia elíptica M87, pues la alta aceleración de gases en esa región indica que debe haber un objeto 3500 millones de veces más masivo que el Sol. Finalmente, este agujero podría terminar por absorber a la galaxia entera.

La hipótesis sugiere que, de un lado, hay un agujero negro que absorbe la materia, pero, por el otro lado, habría un agujero blanco que expulsaría todo lo que traga el negro.

El primer científico en advertir de la existencia de agujeros de gusano fue un austríaco, en 1916.

En este sentido, la hipótesis del agujero de gusano

es una actualización de la decimonónica teoría de una cuarta dimensión espacial que suponía, por ejemplo, dado un cuerpo toroidal en el que se podían encontrar las tres dimensiones espaciales comúnmente perceptibles, una cuarta dimensión espacial que abreviara las distancias y, de esa manera, los tiempos de viaje. Esta noción inicial fue planteada de manera más científica en 1921 por un matemático alemán, sin embargo, no usó el término "agujero de gusano" (habló de "tubos unidimensionales"), cuando este relacionó sus análisis de la masa en términos de la energía de un campo electromagnético con la teoría de la relatividad publicada en 1916.

En la actualidad, la teoría de cuerdas admite la existencia de más de tres dimensiones espaciales (ver hiperespacio), pero esas dimensiones extra estarían compactadas a escalas subatómicas (según la teoría de Kaluza-Klein), por lo que parece muy difícil (sino imposible) aprovecharlas para emprender viajes en el espacio y el tiempo.

Tipos de agujeros

- Los agujeros de gusano del intra universo conectan una posición de un universo con otra posición del mismo universo en un tiempo diferente.

- Un agujero de gusano debería poder conectar posiciones distantes en el universo por plegamientos espacio temporales, de manera que permitiría viajar entre ellas en un tiempo menor que el que tomaría hacer el viaje a través del espacio normal.

- Los agujeros de gusano del inter universo asocian un universo con otro diferente y se denominan «agujeros de gusano de Schwarzschild». Esto permite especular sobre si tales agujeros de gusano podrían usarse para viajar de un universo a otro paralelo. Otra aplicación de un agujero de gusano podría ser el viaje en el tiempo. En ese caso, sería un atajo para desplazarse de un punto espacio temporal a otro. En la teoría de cuerdas, un agujero de gusano es visto como la conexión entre dos D-branas, donde las bocas están asociadas a las branas y conectadas por un tubo de flujo. Se cree que los agujeros de gusano son una parte de la espuma cuántica o espacio temporal.

Otra clasificación:

- Los agujeros de gusano euclídeos, estudiados en física de partículas.
- Los agujeros de gusano de Lorentz, principalmente estudiados en relatividad general y en gravedad semiclásica. Dentro de estos destacan los agujeros de gusano atravesables, un tipo especial de agujero de gusano de Lorentz que permitiría a un ser humano viajar de un lado al otro del agujero.

Hasta el momento se ha teorizado sobre diferentes tipos de agujeros de gusano, principalmente como soluciones matemáticas a la cuestión. Esencialmente, estos tipos de agujero de gusano son:

- El agujero de gusano de Schwarzschild supuestamente formado por un agujero negro de Schwarzschild, que se considera infranqueable.
- El agujero de gusano supuestamente formado por un agujero negro de Reissner-Nordstrøm o Kerr-Newman, que resultaría franqueable, pero en una sola dirección, y

que podría contener un agujero de gusano de Schwarzschild.

- El agujero de gusano de Lorentz, que posee masa negativa y se estima franqueable en ambas direcciones (pasado y futuro).

Los agujeros de gusano y los viajes en el tiempo

En teoría, un agujero de gusano podría permitir viajar en el tiempo a través del espacio-tiempo. Esto podría llevarse a cabo acelerando el extremo final de un agujero de gusano a una velocidad relativamente alta respecto de su otro extremo. La dilatación de tiempo relativista resultaría en una boca del agujero de gusano acelerada envejeciendo más lentamente que la boca estacionaria, visto por un observador externo, de forma parecida a lo que se observa en la paradoja de los gemelos. Sin embargo, el tiempo pasa diferente a través del agujero de gusano respecto del exterior, por lo que los relojes sincronizados en cada boca permanecerán sincronizados para alguien viajando a través del agujero de gusano, sin importar cuanto se muevan las bocas. Esto quiere decir que cualquier cosa que entre por la boca acelerada del agujero de gusano podría salir por la boca estacionaria en un punto temporal anterior al de su entrada si la dilatación de tiempo ha sido suficiente.

Por ejemplo, supongamos que dos relojes en ambas bocas muestran el año 2000 antes de acelerar una de las bocas y, tras acelerar una de las bocas hasta velocidades cercanas a la de la luz, juntamos ambas bocas cuando en la boca acelerada el reloj marca el año 2017 y en la boca estacionaria marca el año 2013.

De esta forma, un viajero que entrará por la boca acelerada en este momento saldría por la boca estacionaria cuando su reloj también marcará el año 2013, en la misma región del espacio, pero cuatro años en el pasado.

Tal configuración de agujeros de gusano permitiría a una partícula de la Línea de universo del espacio-tiempo formar un circuito espacio-temporal cerrado, conocido como curva cerrada de tipo tiempo. El curso a través de un agujero de gusano a través de una curva cerrada de tipo tiempo hace que un agujero de gusano tenga características de hueco temporal.

Se considera que es prácticamente imposible convertir a un agujero de gusano en una «máquina del tiempo» de este modo. Algunos análisis usando aproximaciones semi - clásicas que incorporan efectos cuánticos en la relatividad general señalan que una retroalimentación de partículas virtuales circularía a través del agujero de gusano con una intensidad en continuo aumento, destruyéndolo antes de que cualquier información pudiera atravesarlo, de acuerdo con lo que postula la conjetura de protección cronológica. Esto ha sido puesto en duda, sugiriendo que la radiación se dispersaría después de viajar a través del agujero de gusano, impidiendo así su acumulación infinita.

Viajes a velocidades superiores a la de la luz

La relatividad especial solo tiene aplicación localmente.

· · ·

Los agujeros de gusano, si en efecto existiesen, permitirían teóricamente el viaje superluminal (más rápido que la luz) asegurando que la velocidad de la luz no es excedida localmente en ningún momento. Al viajar a través de un agujero de gusano, las velocidades son subluminales (por debajo de la velocidad de la luz). Si dos puntos están conectados por un agujero de gusano, el tiempo que se tarda en atravesarlo sería menor que el tiempo que tarda un rayo de luz en hacer el viaje por el exterior del agujero de gusano. Sin embargo, un rayo de luz viajando a través del agujero de gusano siempre alcanzaría al viajero. A modo de analogía, rodear una montaña por el costado hasta el lado opuesto a la máxima velocidad puede tomar más tiempo que cruzar por debajo de la montaña a través de un túnel a menor velocidad, ya que el recorrido es más corto.

Subatómicamente se hipotetiza la existencia de una espuma cuántica o de una espuma de espacio-tiempo, avanzando con la conjetura, se hipotetiza la posibilidad de existencia de agujeros de gusano en la misma, aunque si estos existieran serían altamente inestables y solo se podrían estabilizar invirtiendo enormes cantidades de energía (por ejemplo, con aceleradores de partículas gigantescos que puedan crear un plasma de quarks-gluones).

Viaje interuniversal

Una posible resolución de las paradojas resultantes de los viajes en el tiempo a través de los agujeros de gusano se basa en la interpretación de la mecánica cuántica en muchos mundos.

En 1991, un científico alemán demostró que la teoría cuántica es totalmente coherente (en el sentido de que la llamada matriz de densidad puede estar libre de discontinuidades) en períodos de tiempo con curvas cerradas de tiempo. Sin embargo, más tarde se demostró que dicho modelo de curva de tiempo cerrado puede tener inconsistencias internas, ya que conducirá a fenómenos extraños como la distinción de estados cuánticos no ortogonales y la distinción de la mezcla adecuada e inadecuada. Por consiguiente, se evita el bucle de retroalimentación positiva destructiva de partículas virtuales que circulan a través de una máquina de tiempo de agujero de gusano, un resultado indicado por cálculos semi-clásicos.

Una partícula que regresa del futuro no regresa a su universo de origen sino a un universo paralelo. Esto sugiere que una máquina de tiempo de agujero de gusano con un salto de tiempo extremadamente corto es un puente teórico entre universos paralelos contemporáneos.

Debido a que una máquina del tiempo de agujero de gusano introduce un tipo de no linealidad en la teoría cuántica, este tipo de comunicación entre universos paralelos es consistente con la propuesta en la formulación de la mecánica cuántica no lineal.

La posibilidad de comunicación entre universos paralelos se ha denominado viajes interuniversales.

El Gran Colisionador de Hadrones y el Tejido del Espacio y el Tiempo

. . .

Ubicado debajo de la frontera de Francia y Suiza, el Gran Colisionador de Hadrones es el acelerador de partículas más grande del mundo. Este acelerador fue construido para examinar los componentes básicos del universo haciéndolos estallar. Las partículas son impulsadas a una velocidad tremenda a lo largo del enorme tramo del acelerador antes de chocar entre sí.

A continuación, se estudia intensamente la explosión resultante y sus componentes. Este minucioso trabajo ya ha mejorado nuestra comprensión de cómo funciona el universo, pero ¿qué significa para los viajes en el tiempo?

Según algunos que han trabajado con el LHC, podría significar todo. Esto se debe a que el colisionador nos está ayudando a comprender uno de los elementos más enigmáticos del universo: la materia oscura. Algunos piensan que aprovechar esta misteriosa sustancia podría literalmente abrir el tejido del espacio y el tiempo. Además, según expertos del LHC, ya se ha presenciado una forma rudimentaria de viaje en el tiempo. Algunas partículas parecen regresar al principio del túnel antes de haberse ido en primer lugar. Aparentemente, esta anomalía se ha producido durante varias pruebas.

. . .

Y aunque enviar partículas microscópicas hacia atrás en el tiempo puede no ser tan impresionante como enviar seres humanos atrás en el tiempo, algunos creen que esto podría ser solo el comienzo. Los mensajes pronto podrían codificarse en partículas y enviarse a destinatarios en el pasado, y quién sabe, algún día tal vez también se puedan enviar personas.

Ron Melark y el tiempo: viaje por luz láser

El profesor titular de Física de la Universidad de Connecticut Ron Melark ha desarrollado una ecuación que podría servir para la construcción de una máquina del tiempo, según ha explicado en declaraciones a una cadena de televisión muy conocida en Estados Unidos.

Sus declaraciones ahora a la CNN han vuelto a traer a la palestra su iniciativa, aclarando algunos elementos de su teoría, que desde 2004 ha suscitado dudas en la comunidad científica.

. . .

La propuesta de Melark no es nueva, ya que fue esbozada en sendos artículos científicos publicados en los años 2000 y 2003 y recogida en un libro emblemático publicado en 2007.

Melark se basa en las teorías de Einstein para plantearse la máquina del tiempo. Según la Teoría de la Relatividad Espacial, el tiempo se acelera o desacelera dependiendo de la velocidad a la que se mueve un objeto.

Este hecho forma parte de la realidad cotidiana, pero los márgenes de tiempo son tan estrechos que resultan imperceptibles.

Sin embargo, si en vez de viajar a otro país, nos desplazamos a una estrella lejana a una velocidad próxima a la de la luz, el tiempo del viajero será notablemente más lento del tiempo de los que se quedan en la Tierra.

· · ·

En consecuencia, cuando el viajero regrese a nuestro planeta, habrá pasado mucho más tiempo que el tiempo que ha vivido en su viaje estelar, por lo que puede decirse que ese astronauta habrá viajado al futuro.

Viajar al pasado, sin embargo, es completamente diferente, porque, si bien podemos acelerar los cuerpos para ralentizar el paso del tiempo y llegar al futuro, no sabemos cómo hacer para viajar al pasado.

Propuesta de Melark

Melark parte de los dos principios básicos de la Relatividad para construir su ecuación: que el tiempo se modifica según la velocidad del objeto, y que el tiempo se altera también según la gravedad: cuanto más peso, más lento pasa el tiempo.

Considera que, jugando con ambos factores, velocidad y gravedad, podemos pensar en manipular el tiempo para conseguir viajar al futuro o al pasado.

. . .

También incluye en su ecuación al espacio-tiempo, un modelo matemático que presenta los dos elementos físicos básicos (el espacio y el tiempo) como un continuo inseparable que acoge en su seno todos los cuerpos y sucesos del universo.

Como la Teoría de la Relatividad establece que los cuerpos masivos doblan el espacio-tiempo, provocando curvaturas, Melark considera que esas curvaturas afectan no solo al espacio, sino también al tiempo.

Siguiendo este razonamiento, considera posible utilizar energía luminosa en forma de rayos láser para crear un bucle temporal, a partir de esas curvaturas, que permita el viaje al pasado. Y asegura que ha construido un dispositivo que demuestra cómo se puede conseguir ese bucle temporal y abrir la puerta al pasado.

"Eventualmente, un haz de rayos láser podría actuar como una especie de máquina del tiempo y causar un giro en el tiempo que permitiría viajar al pasado", señala Melark en una de sus entrevistas.

Sin gusanos ni paradojas

El planteamiento de Melark elude otra posible vía que hasta ahora se considera necesaria para viajar en el tiempo: los agujeros de gusano, supuestos pasadizos secretos que permitirían viajar en el tiempo, sobre los que el premio Nobel ya diseño en los años 80 del siglo pasado otro modelo de máquina del tiempo.

También deja en el aire la cuestión de la paradoja que lleva implícito el supuesto viaje al pasado: la posibilidad de retroceder en el tiempo y matar a nuestro abuelo, sin el cual jamás habríamos existido… ni poseído la capacidad de asesinarlo. Sencillamente, Melark considera que, con su máquina, el viaje al pasado no permitiría esta paradoja.

Antecedentes

· · ·

No es la primera vez que se recurre a supuestos bucles temporales para plantear viajes en el tiempo.

En 2018, tal como explicamos en otro artículo, una estudiante de doctorado de la Universidad de Massachusetts Dartmouth, Rue Conrad, diseñó un modelo de máquina del tiempo basado en bucles.

Los bucles temporales son historias que se cierran sobre sí mismas basadas en las así llamadas líneas de universo, conocidas también como Curvas Cerradas de Tipo Temporal (CTC) o "máquinas del tiempo".

Mucho antes, en 2005, un físico del Israel Institute of Technology en Haifa (Technion), describió una máquina que tendría la capacidad teórica de provocar una curvatura del espacio con un campo de gravedad local en su interior suficientemente poderoso que sería en la práctica una máquina para viajar en el tiempo. Según su propuesta, un campo de gravedad puede sustituir a los agujeros de gusano como túnel espacio-temporal.

· · ·

La carrera por la máquina del tiempo continúa. Y como se dice desde el 2004, es más una cuestión de dinero que de Física.

Los viajes a través del tiempo en la física

De acuerdo con la descripción convencional de la teoría de la relatividad, las partículas materiales al moverse a través del espacio-tiempo se mueven hacia adelante en el tiempo (hacia el futuro) y hacia un lado u otro del espacio.

El hecho de que la energía total y la masa sean positivas está relacionado con el hecho de que las partículas se muevan hacia el futuro (en mecánica cuántica un cambio de signo en el tiempo o una masa negativa son equiparables).

Un aspecto comprobado experimentalmente de la teoría de la relatividad es que viajar a velocidades cercanas a la velocidad de la luz ocasiona una dilatación del tiempo, por la cual el tiempo de un individuo que viaja a esa velocidad corre más lentamente. Desde la perspectiva del viajero, el tiempo «externo» parece fluir más rápidamente, causando la impresión de que el individuo hizo un viaje a través del tiempo. Sin embargo, este fenómeno en sí mismo es viajar en el tiempo.

El concepto de viaje en el tiempo ha sido frecuentemente utilizado para examinar las consecuencias de teorías físicas como la relatividad especial, la relatividad general y la teoría cuántica de campos.

Aunque no existe evidencia experimental del viaje en el tiempo, sí existen razones teóricas importantes para considerar posible la existencia de cierto tipo de viaje a través del tiempo. En cualquier caso, las teorías actuales de la física no permiten ninguna posibilidad de viajar en el tiempo, en un espacio-tiempo del tipo del que se cree es nuestro espacio-tiempo, que no parece tener líneas temporales cerradas.

Argumentos opuestos a la factibilidad

· · ·

Además de algunas objeciones lógicas y filosóficas, se han señalado un buen número de argumentos físicos que sugieren imposibilidades técnicas para ciertas formas de viaje en el tiempo, y que han mostrado las dificultades técnicas en que incurrirían algunas propuestas de viaje en el tiempo. Es importante, destacar que, dado el conocimiento físico actual, es necesario considerar las restricciones que impone la teoría especial de la relatividad para discutir la factibilidad de dichos viajes. La teoría de la relatividad especial fue propuesta por el conocido científico loco a principios del siglo XX para resolver algunos problemas surgidos en el marco del electromagnetismo y que habían quedado manifiesto en el famoso experimento de Michelson-Morley.

El científico publicó su teoría en 1905; un poco más tarde, en 1908, un alemán descubrió que dicha teoría se podía formular adecuadamente en un espacio de cuatro dimensiones, en la que la dimensión temporal era precisamente la cuarta dimensión.

En dicha teoría se pone en duda el concepto clásico de tiempo. Antes de la teoría de la relatividad los científicos habían asumido una representación lineal para el tiempo, es decir, se representa como una recta imaginaria que se prolonga indefinidamente en el pasado y el porvenir, aparece como un continuo ilimitado en una sola dimensión y nosotros ocupamos un punto determinado (presente), que se mueve siempre en la misma dirección. La división tripartita basada en la representación gráfica del tiempo como una línea, captura la concepción general del tiempo que tenían la mayor parte de los científicos hasta principios del siglo XX; aún hoy se utiliza en física clásica y otras ciencias.

Entre los argumentos contrarios a la posibilidad de viaje en el tiempo más comunes cabe destacar:

1. En un espacio-tiempo normal (i.e. uno que sea geodésicamente completo y globalmente hiperbólico) una partícula no puede seguir una trayectoria cerrada en el espacio-tiempo, por lo que no es posible por medio de aceleraciones y deceleraciones volver al punto de partida.

2. Muchos medios imaginados en la ciencia ficción ignoran el principio de conservación de la energía.

3. Llevar una partícula a velocidades cercanas a la luz requiere cantidades de energía progresivamente mayores.

La posibilidad de las paradojas temporales

El principio de auto consistencia y los cálculos recientes indican que simples masas pasando en el tiempo a través de agujeros de gusano no podrían generar paradojas, ya que no existen condiciones iniciales que induzcan una paradoja una vez que es introducido el viaje en el tiempo.

Si sus resultados pueden ser generalizados sugerirían, curiosamente, que ninguna de las paradojas formuladas en las historias de viaje temporal pueda ser realmente formuladas en un nivel físico: es decir, que cualquier situación que se provoque en una historia de viaje temporal puede permitir muchas soluciones coherentes. Las circunstancias podrían, sin embargo, tornarse casi increíblemente extrañas.

. . .

Los universos paralelos son una posibilidad teórica que evitaría la mayor parte de las paradojas relacionadas con viajes a través del tiempo. La interpretación de mundos múltiples sugiere que todos los eventos cuánticos posibles pueden ocurrir simultáneamente en historias exclusivas. Estas historias alternas o paralelas, formarían un árbol ramificado que simbolizaría todos los posibles resultados de cualquier interacción.

Debido a que todas las posibilidades existen, cualquier paradoja puede ser explicada al ocurrir los eventos paradójicos en un universo diferente. Este concepto es frecuentemente utilizado en la ciencia ficción. Sin embargo, en la actualidad, los físicos creen que dicha interacción o interferencia entre estas historias alternativas no es posible.

Paradoja de la inexistencia de viajeros del tiempo

Si tenemos en cuenta que cada vez sabemos más de física cuántica y que la tecnología progresa a través del tiempo, se puede postular que deberíamos ser visitados por viajeros del tiempo, hecho no observado, y que puede ser considerado una paradoja. Para explicar esto, se ha postulado que esto puede indicar que la humanidad se extinguirá antes de descubrir la tecnología de viajar en el tiempo, lo que también se aplicaría a presuntos mundos en universos paralelos, porque ellos tampoco habrían desarrollado la tecnología para viajar entre universos.

Otra paradoja dice que aun siendo posible crear una máquina del tiempo dentro de cien años, esta no podría volver más atrás del momento en el que se construyó dicha máquina porque se tardaría más de cien años en crear una relación de tiempo de cien años. Dicho esto, se podría construir una máquina durante ciento diez años para regresar atrás en el tiempo cien años, pero no cuatrocientos. La única posibilidad sería, por ejemplo, que otra civilización hubiese construido una máquina mucho antes de nuestra existencia para así poder volver hasta el punto en el que se construyó, es decir, antes de haberse creado la tierra.

· · ·

Otras explicaciones menos convencionales y con características pseudocientíficas, son aquellas que postulan la existencia de viajeros temporales ocultos.

Tales viajeros rehusarían manifestarse públicamente y actuarían como auténticos «turistas» temporales u observadores, sin, aparentemente, mayor injerencia en los asuntos de la humanidad actual, pero esta hipótesis sería, por supuesto, completamente indemostrable. Se ha alegado, también, que ciertos individuos podrían ser viajeros temporales más o menos ocultos, mencionándose entre ellos a notables inventores o literatos; no obstante, ninguna de las pruebas aducidas resulta convincente. Del mismo modo supuestos visitantes de otras épocas han probado ser, en todos los casos, fraudes o productos de informes inexactos. Ciertos autores mencionan como evidencia del viaje temporal los vestigios de civilizaciones con una tecnología muy similar a la nuestra, como por ejemplo el mecanismo de Anticitera que data de entre los años 82 y 65 a. C. o las baterías de Bagdad, procedentes de la misma época. En todos estos casos la existencia de tales dispositivos tecnológicos puede ser explicada mucho mejor enmarcándolos en su contexto histórico.

. . .

Viajes hacia nuestro futuro

En realidad, todas las partículas viajan continuamente hacia el futuro, ya que el tiempo fluye siempre en la misma dirección, y el paso del tiempo es solo el movimiento hacia el futuro, en los términos en que los describe la teoría de la relatividad.

Esto ocurre porque el tiempo se retarda al acercarse a un objeto a la velocidad de la luz. Sin embargo, el flujo de avance hacia el futuro puede ser algo lento para la duración de la vida humana. Para conocer lo que sucederá mañana, tan solo se tiene que esperar un día sin necesidad de hacer un desplazamiento en el tiempo, pero conocer el futuro lejano y, por ejemplo, conocer a nuestros tataranietos o contemplar la civilización dentro de mil años es diferente. El efecto relativista de la dilatación del tiempo ofrece, al menos teóricamente, la posibilidad de viajar al futuro evitando envejecer.

En la paradoja de los gemelos, los dos hermanos se encontraban en el futuro, pero habían recorrido caminos diferentes, y uno de ellos, el que se había acelerado hasta viajar a gran velocidad en una nave espacial, había reducido su envejecimiento. Aunque el tiempo propio medido por un observador en movimiento respecto a otro será menor y la magnitud del efecto viene dada por la velocidad (v) del observador en movimiento y la velocidad de la luz.

Sin embargo, desde el punto de vista del propio observador en movimiento, él mismo está en reposo y él no percibe que esté envejeciendo más lentamente.

De hecho, para este observador en movimiento sería el observador en reposo quien estaría envejeciendo más rápidamente. Solo en situaciones en que aparecen sistemas de referencia no inerciales en que los dos observadores se encuentren puede darse una situación en que ambos observadores coincidan en que uno de ellos dos ha envejecido más lentamente.

Si consideramos que alguien se aleja en una nave con una velocidad que sea un 90% de la luz, e ignorando el efecto de dilatación gravitacional del tiempo para simplificar, el tiempo transcurrido en la nave sería unas 2,30 veces más lento para un observador en la Tierra.

Es decir, que incluso yendo a esta altísima velocidad solo ganaríamos un modesto factor dos en nuestro viaje al futuro. Para hacer viajes interesantes al futuro necesitamos que la nave vaya a velocidades realmente considerables.

Para viajar a futuros más lejanos 'solo' sería necesario hacer que la velocidad fuera aún más cercana a la de la luz. Nuestra nave viajando a gran velocidad en un camino con origen y regreso a la Tierra es una máquina del tiempo para viajar al futuro que, en la medida en que se tenga la capacidad de incrementar su velocidad, puede transportar a un viajero sin envejecerlo a cualquier tiempo posterior.

Es evidente que la construcción de una nave, de este tipo de máquina del tiempo, actualmente está fuera de las posibilidades técnicas de nuestra civilización. Sin embargo, hay ejemplos que demuestran que la idea es correcta. En la Tierra recibimos partículas que vienen del centro de nuestra galaxia a distancias que la luz tarda miles de años en recorrer. Es decir, fueron producidas hace miles de años terrestres. Sin embargo, estas partículas no pueden resistir un viaje ni siquiera de un minuto, ya que se desintegran en cuestión de segundos después de haber sido creadas. ¿Cómo explicar esta paradoja? Haciendo uso de la dilatación temporal: las partículas han sido aceleradas a velocidades tan cercanas a la de la luz que solo habían envejecido segundos mientras que en la Tierra transcurrían miles de años.

Una máquina del tiempo de este tipo es unidireccional, es decir, solo permite viajar al futuro. Esto, sin duda, limita mucho el encanto del viaje. No sería posible, por ejemplo, viajar al futuro para echar un vistazo a los resultados de un juego de azar y volver atrás. La posibilidad de viajar al pasado, que es la que hace realmente interesante una máquina del tiempo, es muy dudosa y puede afectar a principios muy generales. Sin perder de vista estas restricciones, en otro apartado se trata cómo se podría transformar una máquina del tiempo unidireccional basada en la paradoja de los gemelos en una máquina del tiempo de dos direcciones usando un 'agujero de gusano'.

Viajes al pasado

. . .

Muchos de los viajes al pasado usados en argumentos de ficción, asumen que es posible el paso desde un punto del espacio-tiempo sobre una línea de universo a un punto anterior de dicha línea de universo, sin especificar la trayectoria espacio-temporal seguida por el viajero en el tiempo. Examinada desde el punto de vista de un observador concreto, una partícula que viaja al pasado aparentemente desaparece en un instante dado y reaparece en un instante anterior. Pero, tanto la desaparición de la partícula (inicio del viaje hacia el pasado) como la aparición de la partícula en el pasado (llegada al pasado), son violaciones claras del principio de conservación de la energía (si no existen más partículas involucradas).

Además, no está claro si la partícula que desaparece en el futuro y reaparece en el pasado está siguiendo una trayectoria fuera del espacio-tiempo. Un recurso de la ciencia ficción para hablar a un lugar fuera del espacio-tiempo ordinario es el concepto de hiperespacio (si bien no parece existir ningún correlato físico claro de qué podría ser esa clase de hiperespacio).

. . .

El caso podría ser diferente si existen más partículas involucradas, algunos teóricos propusieron que una antipartícula podía ser concebida como una partícula ordinaria moviéndose hacia el pasado. Así un fotón muy energético que crea un par electrón-positrón, puede ser concebido como un fotón moviéndose hacia el futuro que "choca" contra un electrón moviéndose hacia el pasado y que es rebotado hacia el futuro. Desde el punto de vista de un observador, el electrón moviéndose hacia el pasado sería visto como positrón y el electrón rebotado como un electrón ordinario, en un instante dado, el electrón sería visto dos veces, una vez como positrón y otra como electrón. Un proceso de ese tipo no violaría el principio de conservación de la energía ya que en todo momento la trayectoria estaría contenida en el espacio-tiempo y la partícula nunca desaparecería de manera abrupta.

La filosofía y los viajes a través del tiempo

La visión presentista

·   ·   ·

El presentismo sostiene que ni el futuro ni el pasado existen, que la materia del universo solo existe en el presente, y que el tiempo es simplemente un concepto del ser humano utilizado para describir lo que sucede a su alrededor. De esta manera no habría un lugar adonde el viajero del tiempo pudiera ir, lo que, según esta teoría, anula el tema del viaje a través del tiempo.

Sin embargo, la teoría de la relatividad en la simultaneidad (dentro del marco de la física moderna) pone en tela de juicio el presentismo y favorece la visión conocida como tetradimensionalismo o cuadridimensionalismo (relacionado con el eternalismo y con la idea del bloque de tiempo), en el cual los eventos pasados, presentes y futuros coexisten todos en un mismo espacio-tiempo.

La visión del principio antrópico

Muchos físicos han sugerido que la ausencia del viaje en el tiempo y la existencia de causalidad pueden darse debido al principio antrópico. El argumento que él propone es que un universo que permitiera viajes en el tiempo y ciclos cerrados de tiempo sería un universo en que postula que la inteligencia no debería evolucionar debido a que sería imposible para una entidad determinar (clasificar) los eventos en un pasado o en un futuro, hacer predicciones, o comprender el mundo a su alrededor. Observando que esto no impondría ninguna restricción ante la creencia de agentes supernaturales (como Dios) los cuales postula que no serían confinados por los límites del espacio-tiempo.

Una cápsula o caja del tiempo es un recipiente hermético construido con el fin de guardar mensajes y objetos del presente para ser encontrados por generaciones futuras. La expresión cápsula del tiempo se usa desde 1937, aunque la idea es tan antigua como los primeros asentamientos humanos en Mesopotamia (actual Irak).

Cápsula del tiempo

Hoy en día, el concepto de cápsula del tiempo se está popularizando. En Internet se pueden encontrar cápsulas del tiempo en formato digital como pueden ser fotografías, audios, textos o vídeos.

. . .

También hay vestigios arqueológicos tan bien conservados que podrían considerarse auténticas cápsulas del tiempo, como las ruinas de la antigua ciudad de Pompeya.

Las cápsulas del tiempo se pueden clasificar según dos criterios, dando como resultado cuatro clases: según si son intencionadas o inintencionadas (como Pompeya), y si están pensadas para ser recuperadas en una determinada fecha o no lo están.

Otros métodos propuestos para su realización
Utilización de cilindros rotatorios gigantescos

Otra teoría, desarrollada por un físico inglés, implica un cilindro rotatorio. Si un cilindro es lo suficientemente largo y denso, y gira lo suficientemente rápido en relación con su eje longitudinal (como la ergo esfera de un agujero negro), entonces una nave que volara alrededor del cilindro en una trayectoria espiral podría viajar atrás en el tiempo (o hacia adelante, dependiendo del sentido del movimiento de la nave). Sin embargo, la longitud, la densidad y la velocidad requerida son tan grandes que la materia ordinaria no es suficientemente fuerte para construirla.

Utilización de una cuerda cósmica

Se puede construir un dispositivo similar a partir de una cuerda cósmica, que es un tipo de materia exótica especial, cuya existencia es postulada hipotéticamente en diversas teorías físicas especulativas. Las energías involucradas para interactuar con ellas serían probablemente prohibitivamente altas y seguramente constituirían una posibilidad tecnológicamente inviable.

El dispositivo mediante cuerdas cósmicas se basa en la solución de las ecuaciones de la relatividad general para ese tipo de materia exóticas. De acuerdo con el esquema serían necesarias dos cuerdas cósmicas moviéndose en direcciones opuestas. Al seguir una trayectoria cerrada que rodee las cuerdas se logra el viaje en el tiempo. Una característica notable de esta solución es que el viaje en el tiempo es solo posible para los observadores dentro de una cierta región del espacio-tiempo. Una vez las cuerdas se han alejado lo suficiente el mecanismo ya no puede ser usado para realizar un viaje en el tiempo.

Utilización de un núcleo atómico pesado

Un físico y escritor de ciencia ficción, sugirió que una aplicación ingenua de la relatividad general a la mecánica cuántica permitiría construir una máquina del tiempo. Un núcleo atómico pesado situado dentro de un fuerte campo magnético podría alargarse hasta formar un cilindro, cuya densidad y rotación serían suficientes para viajar en el tiempo. Los rayos gamma proyectados podrían permitir enviar información (aunque no materia) de regreso al pasado. Sin embargo, precisó que hasta que no tengamos una sola teoría que combine la relatividad y la mecánica cuántica, no tendremos idea si tales especulaciones son absurdas.

Utilización del entrelazamiento cuántico

· · ·

Los fenómenos de la mecánica cuántica tales como el teletransporte cuántico, la paradoja EPR, o entrelazamiento cuántico puede parecer que genera un mecanismo que permite la comunicación FTL (faster than light: más rápida que la luz) o viaje temporal. De hecho, algunas interpretaciones de la mecánica cuántica presumen que las partículas intercambian información de manera instantánea para poder mantener la correlación entre ellas.

Curiosamente, las reglas de la mecánica cuántica parecen impedir la transmisión de información útil por estos medios, y por lo tanto parece que no "permitiera" el viaje en el tiempo o la comunicación FTL. Este hecho es exagerado y mal interpretado por cierto tipo de libros y revistas de pretendida divulgación científica acerca de los experimentos de teleportación. En la actualidad, la manera en que trabaja la mecánica cuántica para mantener la causalidad es un área muy activa de investigación científica.

Utilización de líneas temporales cerradas

· · ·

Algunas soluciones exactas de las ecuaciones del físico alemán de origen judío, nacionalizado después suizo, austriaco y estadounidense describen espacios-tiempo que contienen líneas temporales cerradas lo cual permite en teoría que ciertos observadores al viajar sobre ellas hacia el futuro después de un cierto tiempo cíclico vuelvan al mismo punto del que partieron. De hecho, en esas soluciones no existe una manera consistente de distinguir entre pasado y futuro, porque no son orientables temporalmente.

Una de estas soluciones es el universo de Gödel, que describe un tipo de universo que no se parece al nuestro.

De hecho, algunos físicos dudan que el universo de Gödel y otras soluciones que contienen curvas temporales cerradas sean descripciones físicamente adecuadas de algún tipo de universo, aun cuando satisfacen las ecuaciones de campo. Nótese que este método de viaje en el tiempo solo es posible en universos que tengan de por sí cierta estructura, pero en general no sería posible modificar esas condiciones para viajar a cualquier punto del pasado ni modificar las trayectorias posibles que llevan a algunos puntos del pasado.

Cápsulas famosas

Cápsula del tiempo en el Observatorio Griffith

El concepto de la "cápsula del tiempo" no es reciente. El Poema de Gilgamesh, la primera obra literaria de la humanidad, empieza con instrucciones para encontrar una caja de cobre entre los cimientos de las murallas de Uruk, donde se dice que se encuentra escrita en una tabla de lapislázuli la historia de Gilgamesh. Se sabe que había otras cápsulas del tiempo hace 5000 años que tenían la forma de cofres escondidos en el interior de los muros de las ciudades mesopotámicas.

La Cripta de la Civilización de 1936, cuya apertura se programó para 8113, está considerada el primer intento moderno de crear una cápsula del tiempo.

. . .

En 1937, durante los preparativos de la Exposición Universal de Nueva York de 1939, se sugirió enterrar una "bomba del tiempo" durante 5.000 años (hasta 6939).

Más tarde se cambió el nombre a "cápsula del tiempo", por ser más discreto. El nombre "cápsula del tiempo" ha alcanzado popularidad desde entonces.

La cápsula de la Exposición Universal de Nueva York fue creada como parte de una exhibición. Medía 2.28 metros, pesaba 363 kg y tenía un diámetro interior de 16 centímetros. Se le puso el nombre de Cupaloy, aleación de níquel y plata, que es más dura que el acero.

En 1965 se enterró una segunda cápsula diez metros al norte de la original. Ambas cápsulas están enterradas 16 metros por debajo del Parque de Flushing Meadows, que albergó la exposición. La primera cápsula contenía objetos de uso cotidiano como una bobina de hilo y una muñeca, aunque también tenía, entre otros, un frasco de semillas y un microscopio. Varias bobinas de película condensaban los contenidos de diccionarios, almanaques y otros textos. También se incluyó un noticiario en Estados Unidos de 15 minutos de duración. Las dos cápsulas, enterradas en 1939 y 1965 fueron enterradas con el propósito de ser desenterradas el mismo año.

La misma persona ha enterrado, más recientemente, una caja más pequeña que las anteriores bajo un hotel de la quinta avenida de Nueva York, en el corazón del distrito teatral de Nueva York.

En la actualidad hay dos cápsulas temporales "enterradas" en el espacio.

En las dos sondas Voyager se han enviado dos discos de oro. Una tercera cápsula del tiempo, el satélite KEO, será lanzada en algún momento, o cuando esté disponible un vuelo con una órbita compatible con la de este, llevando consigo mensajes de habitantes de la Tierra dirigidos a los terrícolas del año 52,000, cuando KEO vuelva a la Tierra.

En 2009, cerca de la Plaza de las Cortes de Madrid se descubrió una caja de cobre de 1835. En ella se encontraron cuatro tomos del año 1819 de uno de los libros más leídos en todo el mundo.

En marzo de 2006 se encontró una pequeña sala oculta bajo el Puente de Brooklyn en la ciudad de Nueva York durante una inspección del puente. Los inspectores se sorprendieron al hallar botellas con agua, utensilios médicos y gran cantidad de cajas con paquetes de galletas saladas para aporte calórico. En algunas cajas aparecía la indicación "For Use Only After Enemy Attack" (Para Uso Solo Después de Ataque Enemigo). Las galletas saladas también tenían la indicación "Civil Defense All Purpose Survival Crackers" (Defensa Civil Galletas Multipropósito de Supervivencia). Dos de las fechas estampadas (1957 y 1962) en muchas de las cajas son bastante significativas. En 1957 los soviéticos lanzaron el Sputnik y en 1962 tuvo lugar la llamada Crisis de los misiles de Cuba.

No se tiene conocimiento exacto de cuando se dejaron allí esos contenidos ni por qué quedó por años olvidado, aunque parece que algunas de las cajas fueron fabricadas por la Civil Defense Office (Oficina de Defensa Civil), una oficina creada por El Pentágono a principios de los años 60 con la misión de realizar actividades de preparación ante un ataque nuclear.

. . .

El 8 de octubre de 2014, se abrió en Nueva York una caja de bronce sellada en 1914 y que había sido encontrada en un almacén del barrio de Chelsea (Manhattan). En la misma había indicaciones de que se abriera en 1974 y en su interior se encontraron una colección de documentos, folletos y periódicos que reflejaban los intereses de los empresarios de principios de siglo. Desde el comercio de té, café y especias a otros productos, el béisbol y otros.

La Sociedad Internacional de las Cápsulas del Tiempo fue creada con el fin de mantener una base de datos mundial acerca de todas las cápsulas del tiempo existentes.

De acuerdo con el historiador y estudioso de cápsulas del tiempo Albert Fei la mayoría de las cápsulas del tiempo normalmente no proporcionan mucha información útil.

. . .

Se las rellena con "basura inútil", que aporta muy poca información sobre la gente de la época. En cambio, las ruinas de Pompeya contienen una gran riqueza de objetos de uso cotidiano, como pintadas en las paredes, comida en las chimeneas y los restos de personas atrapadas en las cenizas volcánicas. Jarvis sugirió que los objetos que describiesen la vida de gente que crearon las cápsulas, como notas personales, dibujos y documentos, incrementarían en gran medida el valor de las cápsulas del tiempo para el historiador futuro.

Fei también señaló que hay muchos problemas concernientes a la selección de los recipientes que transmitirán la información al futuro. Algunos de esos problemas incluyen la obsolescencia de la tecnología y el deterioro de los medios de almacenamiento electromagnéticos. Muchas cápsulas del tiempo enterradas se pierden, pues el interés que despiertan se desvanece y la ubicación exacta se olvida, o son destruidas por cualquier causa, natural o no.

Conclusión

Solo es cuestión de tiempo. Hasta donde sabemos, los seres humanos son las únicas formas de vida que tienen un concepto del tiempo. Mientras que el chimpancé está permanentemente atascado en el presente, nosotros, los humanos, con frecuencia moramos en el pasado y nos preocupamos por el futuro. Entonces, esta cualidad bastante única del cerebro humano nos permite viajar en el tiempo, al menos mentalmente, cuando queramos. Sí, es cierto, en ese sentido, ¡cada persona es un viajero en el tiempo!

Se cree que los humanos desarrollaron la noción del tiempo como un mecanismo evolutivo de supervivencia.

La capacidad de planificar con anticipación representó una gran ventaja para los primeros humanos en un mundo incierto, y ha sido nuestra obsesión desde entonces.

Desde que nuestros antepasados encendieron el primer fuego y tallaron la primera roca, hemos tratado de manipular nuestro medio ambiente para nuestro beneficio. El hombre de las cavernas no pudo resistir raspar las paredes de su cueva más de lo que los físicos modernos pueden resistir empujar contra la barrera del tiempo. Por lo tanto, mantén los ojos bien abiertos y marca tus calendarios.

Quizás el próximo gran avance esté a la vuelta de la esquina, porque realmente es solo cuestión de tiempo.

Pero igualmente creo que hay que disfrutar nuestro presente y concentrarnos en él, aunque puede que los viajes en el tiempo se hagan realidad, ni siquiera podemos asegurar que vamos a estar presentes para cuando ese fenómeno tan importante se pueda hacer realidad. Finalmente, espero hayas disfrutado de esta gran lectura y de todas las historias, los científicos, las teorías, que vimos a lo largo de todo el libro, tal vez en algunos años veamos como muchas de ellas se prueban o como las corrigen y consiguen que funcionen, va avanzando tanto la tecnología que muy probablemente si logren viajar en el tiempo, mientras tanto recuerda, disfruta el aquí y el ahora, que es lo único que tenemos seguro.

Aunque no esta mal de vez en cuando ponernos a pensar, qué haríamos y a dónde iríamos si pudiéramos viajar en el tiempo, yo por ejemplo quisiera ir al pasado, sería muy interesante ver y estar presente en muchos de los eventos que han sido históricos e igualmente para poder regresar y estar con personas que el día de hoy ya no están presentes, sería algo espectacular.

www.ingramcontent.com/pod-product-compliance
Lightning Source LLC
Chambersburg PA
CBHW061513050726
47593CB00002B/553